# 자동차의
# 미래 권력

# 자동차의 미래권력

크라운출판사
www.crownbook.com

# CONTENTS

프롤로그 / 6

## 1부 새로운 미래권력의 출발

사업인가, 사기인가? / 12
전기 혁명의 막이 오르다! / 18
흔들리는 140년의 내연 기관 / 28
디바이스(Device)와 비이클(Vehicle)의 경계선 / 35
바꾸려는 자와 지키려는 자 / 41

## 2부 미래권력에 숨겨진 인공지능

포드와 구글의 끝없는 사랑 / 52
지능의 IT로 지혜를 담다! / 60
누가 운전할 것인가? / 72
자동차, 더 이상 인간을 믿지 못하는가 / 78
보호받는 자와 보호하는 자 / 81
법정 앞에 선 자율주행 / 86

## 3부 새로운 탈것의 시대

바퀴를 벗어난 이동의 권력 / 94
움직임의 혁명이 시작되다! / 101
시시각각 변하는 탈것 / 110
운전보다 타는 즐거움 / 116
자동차, 명령에서 대화로 / 122

## 4부 끝없는 미래권력의 싸움

헤게모니는 누가 가져갈 것인가? / 134
연결과 단절 사이 / 142
자동차, 기계로 보는 시대는 저물고 있다 / 150
막으려는 자와 뚫으려는 자 / 153
갈등에서 협업으로 / 162
자동차와 가전의 차이 / 169
자동차, '어떻게'가 바꿔 놓은 미래 지형 / 176
제조사가 바라보는 자동차 산업의 미래 / 180

## 5부 에너지 전쟁의 새로운 서막

자동차 권력이 에너지로 / 192
효율 향상에 목숨을 걸다 / 199
기름 시대의 종말과 에너지 개편 / 208
수소로 몰리는 시선 / 212
달라지는 사회 구조 / 219
변화를 거부하면 도태된다 / 228

## 6부 자동차 산업, 영토 싸움은 끝나지 않는다

소비자, 자동차, 정치의 삼각형 / 236
트럼프가 한국 차를 자꾸 때리는 이유 / 245
한국 차와 해외에서 싸우려는 중국 차 / 249

에필로그 / 252

# 프롤로그

지난 2005년 일본의 닛산 차는 도쿄 모터쇼에 피보(PIVO) 콘셉트를 등장시켰다. 운전석은 360도 회전이 가능하고, 앞뒤로 자유롭게 움직일 수도 있어 전진과 후진의 개념 자체를 없애 버렸다. 더불어 동력은 리튬이온 배터리를 활용한 전기였다. 그리고 2년 후인 2007년, 닛산은 피보 2 콘셉트를 선보이며 미래 자동차 권력에 대한 의지를 드러냈다.

피보 2가 주목받은 이유는 바로 '로봇'이었다. 차 안에 운전자와 대화를 나눌 수 있는 로봇을 설치해 운전자의 감정을 읽을 수 있도록 한 것이다. 물론 초보적인 수준의 로봇이었지만 자동차에 실제 로봇이 들어갔다는 점에서 많은 관심을 끌었다. 탄력 받은 닛산은 여기서 머물지 않았다. 2011년 피보(PIVO) 3를 내 놨다. 이것은 로봇의 기능을 보다 진화시킨 제품으로, 자동 주차인 오토매틱 발렛(Automatic Vallet) 기능이 내장되어 운전자가 차를 떠나도 스스로 주차한 후 충전까지 가능하도록 했다. 또한 매번 360도 회전이 가능한 바퀴를 장착해 길이 4m의 도로에서도 쉽게 유턴이 됐다.

이른바 **"똑똑한 자동차의 시대"**를 개척한 셈이다.

피보 3

닛산이 자동차에 감정을 넣는 사이 그보다 앞선 2003년, 미국에서는 자동차를 움직이는 에너지로 바꾸려는 시도가 이어졌다. 마틴 에버하트와 마크 타페닝이 공동으로 자동차 회사를 만들었으며, 전통적인 석유를 배제하고 '전기' 에너지를 동력으로 선택했다. 그리고 에디슨 시대에 교류를 발견한 '니콜라 테슬라'의 이름을 차용해 사명을 '**테슬라 자동차**'로 명명했다.

엘론 머스크(Elon Musk)는 미래 자동차야말로 전기 기반의 IT 디바이스가 될 것으로 예측하고, 테슬라 모터스에 투자를 단행해 고성능 제품인 모델 S를 세상에 선보였다. 140년 동안 내연 기관 자동차 기업이 시장을 견고하게 지킬 때 보란 듯이 모델 S를 등장시켜 세상을 놀라게 한 것이다. 물론 과거에도 전기차가 없었던 것은 아니었지만, 엘론은 자동차의 개념을 **이동수단이 아닌 가전제품의 확장으로 해석**했다. 다시 말해 이동하는 IT 디바이스로 자동차를 보았고, 실제 소프트웨어 중심의 자동차를 설계했다. 더불어 소프트웨어가 발전하면 지능형 자동차가 되고, 전력을 태양 등의 자연에서 얻을 수 있다면 미래 자동차 시대를 재빨리 변화시킬 수 있다고 판단했다. 테슬라가 꾸준하게 태양광 기반의 충전 시설을 확대한 것도 이런 맥락에 따른 것이다.

전기차 모델 S

BMW i3

　단순히 에너지가 전기로 바뀐다고 미래 혁명을 드러내는 것은 아니다. 이미 내연 기관 자동차 기업은 '지능형 자동차'에 많은 투자를 단행해 왔다. 그중 하나가 바로 **연결성**이다. 연결성은 자동차와 외부 정보를 연결해 운전자에게 가장 최적화된 정보를 제공하는 특성이다. 예를 들어 BMW i3 전기차는 외부와 연결되어 전력 충전 장소를 손쉽게 찾아 준다. 사용에 불편함이 없도록 정보를 연결해야 지능이 완성되기 때문이다.

　또 하나는 **다양한 센서의 발전**이다. 자동차가 완벽하게 스스로 움직이는 로봇으로 진화하려면 인간의 오감을 모두 파악할 수 있어야 한다. 그래서 눈에 해당하는 카메라와 빛을 보내 장애물의 위치를 읽어 내는 라이다(Lidar), 그리고 어느 길로 가야 할지 판단하도록 도와주는 정밀한 지도가 필요했다. 단순히 엔진과 변속기로 이뤄진 내연 기관의 시대가 전기 동력을 중심으로 한 지능형으로 발전해 가는 셈이다.

이외 주목할 미래는 **수소의 시대**이다. 수소 생산에 자연 에너지를 이용할 수 있다면 인류 미래의 무궁무진한 에너지원이 될 수 있다. 일본은 이미 LPG 등을 생산하는 기업이 수소로 사업 분야를 전환했고, 여기에 발맞춰 토요타는 수소연료전지차 미라이(Mirai)를 판매하고 있다. 그래서 미래 자동차의 권력은 에너지와 인공지능이 핵심이다. 어떤 에너지로 바퀴를 구동하고, 지능의 주도권을 기계에 얼마나 넘기느냐가 중요 항목이다. 그리고 여기에 에너지, 자동차, IT 기업이 모두 뛰어들었다. 이들은 한결같이 시장의 헤게모니를 잡기 위해 안간힘을 쓴다. 하지만 미래권력이 어디로 흘러갈지는 아무도 모르는 일이다.

미래의 자동차는 사실 일종의 에너지 및 권력 이동의 쟁탈전이 될 수밖에 없다. 3D 프린터로 누구나 규격에 맞는 자동차를 만들고, 전기 에너지 시스템을 통해 자동차의 동력원을 마련하는 시대가 온다는 것은 자명하다. 따라서 지금의 자동차 기업 중 미래 50년 이내에 생존할 가능성이 있다고 꼽히는 곳은 일부에 불과하다. 새로운 맞춤형 이동수단이 등장하고, 화석연료 시대를 유지하려는 전통 에너지 기업과 새로운 에너지를 획득하려는 신생 에너지 기업의 전쟁이 벌어진다는 예측이 매우 설득력 있는 것이다.

결론적으로 이 책은 '**자동차의 미래권력**'에 초점이 맞추어져 있다. 앞으로 변할 자동차의 미래 발전을 예측하고, 그에 따라 소비 생활은 어떻게 변할 것이며, 기업은 생존을 위해 무엇을 해야 하는지 살펴보려 한다. 단순히 이동수단의 변화가 아니라, **4차 산업혁명을 주도할 수밖에 없는 자동차의 진화가 어떻게 전개되는지를 먼저 생각해 볼 것이다**. 과연 5~10년, 그리고 20~30년, 나아가 50~100년 후 미래의 자동차 권력은 어디에 집중될지 짚어보려 한다.

자동차의
미래권력

1부

## 새로운 미래 권력의 출발

# 사업인가, 사기인가?

2016년 4월 노르웨이 오슬로에서 재미난 택시를 한 대 만났다. 바로 테슬라 모델 S다. 운전을 맡은 예그 씨는 글로벌 유명 인사다. 세계 최초의 중형 전기차 택시 운전사로 언론의 조명을 받았기 때문이다. 미국 캘리포니아 다음으로 테슬라 제품이 많이 판매되는 노르웨이 오슬로에서는 전기차가 이미 각광받는 새로운 이동수단의 하나이다. 덕분에 테슬라 CEO인 엘론 머스크도 오슬로를 자주 방문해 EV 장려 정책에 적극적으로 호응하고 있다.

노르웨이의 전기차

모델 S로 전기 동력 이동수단의 시장 진입을 마친 테슬라는 2016년 3월 31일 모델 3를 발표했다. 하지만 모델 3는 앞으로 나올 차일 뿐, 당장 실물이 존재하는 제품은 아니었다. 그럼에도 신차가 공개되자 사전 계약 대수는 발표 전(11만 5,000대)의 세 배 가까운 수준에 도달했다. 테슬라는 모델 3의 시작 가격을 3만 5,000달러(한화 약 4,300만 원)로 책정해 주력 모델 S(85)의 절반으로 낮췄다. 1회 충전 주행 가능 거리는 346km로 닛산 리프 및 BMW i3 등 경쟁 제품(130km)의 2.7배에 달한다. 더불어 반자율주행 장치를 기본 적용한 점도 특징이다.

새로운 구매 방식도 주목도를 높였다. 오프라인 전시장 외에 온라인 계약도 문을 열었는데, 제품 시판에 앞서 미국 및 한국을 포함해 49개국 소비자가 회사 홈페이지에서 계약금 1,000달러(115만 원)를 결제하면 계약할 수 있도록 했다. 이에 따라 계약 대수는 여전히 30만 대를 유지하고 있다.

테슬라 모델 3

그러나 비관적인 전망도 적지 않다. 사전 예약에 40만 대가 몰렸지만 시간이 흐를수록 취소자가 늘었고, 실제 2만 대 이상이 계약을 취소했다. 예약 취소가 늘어나는 이유는 테슬라가 모델 3의 제품력을 스스로 증명하지 못한 탓이다. 테슬라는 예약 판매를 개시한 이후 상품 디자인이나 기능, 제원 등에 대한 명확한 정보를 내놓고 있지 않아 예약자들의 불안 심리가 커졌다는 게 미국 내 전문가들의 시선이다. 더욱이 테슬라가 미국 증권 거래 위원회(SEC : Securities and Exchange Commission)에 제출한 보고서에는 모델 3의 최종 설계가 이뤄지지 않았다는 내용이 담겼고, 생산을 위한 부품 조달과 일정도 결정하지 못했다는 소식이 전해지며 이탈자가 늘었다.

통상적으로 자동차 제조사가 하나의 제품을 완성하기 위해서는 서플라이 체인이라는 부품 공급망이 필수다. 특히 테슬라 모델 3는 30만 대 이상의 선주문 물량을 확보한 만큼 이를 모두 소화하려면 공장 설비는 물론 자동차의 각종 부품을 생산하는 협력 업체 확보가 중요하다. 제아무리 전기차의 핵심 기술이 배터리와 모터에 있다 해도 차체와 골격, 내장재, 시트, 바퀴, 타이어 등 다양한 부품이 조합돼야만 제품을 완성할 수 있기 때문이다.

그럼에도 현재까지 테슬라는 별다른 움직임을 보이지 않고 있다. 협력 업체 선정을 서둘러 마무리한다 해도 생산에 필요한 물리적인 시간이 부족한 시점이다. 테슬라가 생산 기반을 모두 갖춰도 부품 회사가 준비되지 않으면 모델 3 라인 오프가 요원할 수밖에 없다. 특히 자동차는 손톱보다 작은 부품이 공급되지 않아 생산에 차질을 빚은 사례가 적지 않은 만큼 많은 공급망 확보의 선결이 모델 3 생산을 위해 필수라는 의미다. 게다가 최초 제시한 제품 가격도 유지될 수 있는지 의문이다. 왜냐하면 부품 원가의 변동이 심하기 때문이다. 배터리는 물론이고 제품 구성에 필요한 직물, 플라스틱, 고무, 철판 등의 원자잿값이 수시로 변하고 있다. 테슬라는 제품 가격이 바뀌지 않을 것이라고 장담했지만 이는 달성하기 어려운 목표일 수도 있다.

비관론은 어디까지나 전통적인 자동차 회사의 입장에서 보았을 때이다. 반대의 시각도 분명 존재한다. 테슬라가 자동차의 개념을 바꾸어 놓았기 때문이다. 전통적으로 자동차는 화석연료를 태워 얻은 동력으로 움직이고, 여러 인포테인먼트 장치는 안전을 위해 점진적 적용이 시도되어 왔다. 하지만 테슬라는 자동차가 하나의 전자 제품의 장선이라는 시각을 굽히지 않았다. 엘론 머스크가 테슬라를 IT 디바이스로 부르는 것도 같은 맥락이다. 동력은 전기로 하되 각종 장치 간의 연결을 통합 소프트웨어로 연결해 사용자의 편리함을 유도했다는 점에서다.

자동차의 인포테인먼트 장치, 쉐보레 마이링크 아베오

그렇다면 전기차로 세상을 바꾸겠다는 테슬라의 전략은 과연 성공할까? 전기차 시장을 개척하고, 기존 완성차 업체가 따라오게 하는 게 테슬라의 전략이라는 점을 감안하면 일부 성공적이라는 평가도 있다. 완성차 업계에서는 엘론 머스크가 전기차 사업을 지속할 것으로 보는 시각이 크지 않다. 이유는 자동차 산업의 특성 때문이다. 테슬라 홀로 전기차 사업을 밀고 나가는 것은 위험성이 너무 큰 데다 기존 대형 내연 기관 자동차 회사가 전기차에 뛰어들면 가격 등 경쟁력에서 밀릴 수밖에 없기 때문이다. 여전히 수익 면에서 투자를 해야 하는 테슬라와는 달리 기존 완성차 업체는 내연 기관에서 벌어들인 수익으로 전기차의 가격을 대폭 낮추는 것도 가능하다. 이럴 경우 테슬라는 가격 경쟁력에서 밀려 신사업을 유지하기 어렵게 된다.

이런 이유로 전문가들은 테슬라의 전략을 '마중물'로 보고 있다. 테슬라가 전기차 혁신을 주장하며 시장을 선도하면 기존 내연 기관 자동차가 따라올 것이고, 덕분에 시장이 만들어지면 테슬라를 필요로 하는 대형 내연 기관 자동차 기업이 테슬라의 인수를 검토할 수밖에 없다는 결론이 선다. 따라서 테슬라 입장에서는 어떻게든 전기차 시장을 만드는 게 우선이므로, 파격적인 마케팅에 사활을 걸 것이다.

실제 테슬라의 마중물 전략은 여러 곳에서 성공 조짐을 보이고 있다. 전기차의 용도로 근거리를 표방하던 완성차 회사가 1회 충전 거리를 대폭 늘인 제품을 속속 내놓고 있다. GM이 순수 전기차 볼트(BOLT)에 60kWh의 고용량 배터리를 적용해 주행 거리를 320km로 늘였고, 포르쉐 또한 오는 2019년 1회 주행 거리가 600km에 달하는 미션 E 순수 전기차로 시장에 참여할 계획이다. 게다가 포르쉐는 충전 시간 15분이면 배터리의 80%를 채울 수 있도록 설계할 방침이다. 이외 닛산과 현대차 등도 향후 배터리 용량을 키운 순수 전기차로 시장에 적극 대응한다는 입장을 내놨다.

하지만 전기차의 확산 속도에 대해선 여전히 '점진적'이라는 의견이 지배적이다. '솔라앤에너지'에 따르면 글로벌 전기차 시장은 오는 2020년 1,045만 대에 달한다. 2015년의 글로벌 완성차 판매 8,900만 대가 2020년까지 유지된다 해도 전기차의 비중은 11%에 머문다. 글로벌 인사이트에 따르면 2020년 글로벌 완성차 판매는 1억 600만 대가 예상된다. 이 경우 전기차 비중은 9.8%로 10%를 넘지 않는다.

이런 상황에서 테슬라의 마케팅 전략은 마중물 외에 펌프에서 물이 나오는 속도를 높이는 쪽으로 기울고 있다. 전기차를 자동차가 아닌 IT 디바이스로 부각하여 새로운 트렌드를 만드는 이유도 같은 맥락이다. 한국자동차미래연구소 박재용 소장은 "테슬라는 시장을 선도해야만 지속 가능한 사업 구조로 되어 있다."며 "다른 자동차 회사와 달리 내연 기관 수익이 없는 만큼 EV의 빠른 확산을 기대하지만, 에너지는 산업 인프라를 바꾸는 것이어서 시간이 걸릴 수밖에 없다."고 설명한다. 결국 **시장을 빠르게 바꾸려는 테슬라와 최대한 변화를 늦추려는 기존 자동차 회사**의 보이지 않는 기 싸움이 시작된 것이다. '빠른 변화 vs 점진적 행보', 옆에서 지켜보는 것도 흥미롭다.

# 전기 혁명의
# 막이 오르다!

    마찬가지로 2014년 10월, 노르웨이 오슬로를 갔을 때의 일이다. 등록된 전체 자동차의 1.3%, 최근 들어 연간 판매되는 신차의 13%에 달할 만큼 빠르게 증가하는 전기차를 취재하기 위해서였다. 오슬로에서 전기차를 보는 것은 택시를 마주하는 것처럼 흔한 일이고, 그 종류도 많아서 3인승 초소형 차 버디(Buddy)가 있는 반면 테슬라의 럭셔리 스포츠 전기차 모델 S도 흔하게 굴러다닌다. 일찌감치 유럽 내 전기차 시장을 개척한 닛

닛산의 리프(Leaf)

산의 리프(Leaf)는 판매되는 전기차의 30%에 달할 만큼 국민차 대우를 받는다.

    2016년 4월, 또다시 오슬로를 방문했다. 2004년부터 전기차 보급에 주력해 온 노르웨이는 이미 전기차 보급이 7만 대를 넘어섰다. 특히 수도 오슬로는 'EV vs 내연 기관'의 구도를 넘어, 이미 **연료 선택권이 소비자에게** 넘어갔다.
    노르웨이는 전기차 전략을 크게 세 가지 방향으로 추진했는데, 먼저 전기 에너지를 얻는 방법이다. 노르웨이는 타고난 자연환경 덕분에 95% 이상의 전기를 수력으로 충당한다. 오슬로 시청 기후 에너지 프로그램 부문 실라 비예르케 베스테르 디렉터는 "노르웨이는 자원이 매우 풍부한 나라이며, 특히 수력으로 모든 에너지 수요를 충당할 수 있다는 건 행운"이라고 말한다. 그는 이어 "이런 전력 공급 방법이 EV를 확산시킨 결정적인 계기였다."고 설명했다. 전력원이 다른 오염 물질의 배출 원인이 되는 화력이나 원자력이 아니라는 점에서도 친환경의 연장선인 것이다.

노르웨이의 수력 발전소

두 번째는 자연에서 얻은 에너지를 전기차에 공급하는 인프라 구축이다. 여기에는 오슬로를 비롯해 각 자치 단체가 적극적으로 나섰다. 완속 충전기를 지속적으로 늘리고 충전 비용은 받지 않았다. 시내 어디를 가도 충전기를 볼 수 있을 만큼의 인프라를 갖췄다. 그래서 사용자는 충전에 전혀 불편함을 느끼지 못한다. 게다가 최근에는 주차장 칸마다 모두 충전기를 설치해 전기차와 내연 기관차의 구분 없이 이용 가능한 장소를 늘려 가는 중이다. 충전기를 갖춘 곳은 내연 기관차의 주차가 불가능하다는 국민들의 불만을 오히려 충전기 확대로 해소하고 있는 것이다.

노르웨이에 즐비한 완속 충전기

세 번째는 혜택이다. 전기차를 이용하면 보조금 지급은 물론 충전과 공공 주차장 이용 요금을 받지 않는다. 또 버스 및 택시 전용차로 이용을 비롯해 주요 교통수단 중 하나인 선박 이용 요금도 무료이다. 그러니 오슬로에 전기차가 많지 않으면 오히려 그것이 더 이상하다는 평가가 많다.

무료 충전이 가능한 노르웨이의 공용 주차장

노르웨이가 전기차 전략을 추진한 가장 중요한 배경은 바로 **'일렉트릭 시티'** 개념에 있다. 풍부한 수력을 기반으로 공장이나 자동차 연료로 사용하는 화석연료를 모두 전기로 대체하면 탄소 배출 없는 도시로 만들 수 있다는 판단이다.

오슬로의 요한슨 주지사는 "노르웨이 전체가 전기 에너지를 사용하면 화석연료를 일절 쓰지 않아도 된다."며 "늘어나는 전기 사용량을 충당하기 위해 발전소를 짓는 것보다 현재 에너지를 보다 효율적으로 활용하는 방안을 정책적으로 지원하는 중"이라고 말했다.

사실 노르웨이를 비롯한 세계 각국이 전기차에 뛰어드는 직접적인 이유는 **환경 규제** 때문이다. 탄소 배출을 줄이고, 줄인 만큼의 배출권을 다른 나라에 판매할 수 있게 되면서 전기차는 '꿩 먹고 알 먹는 이동수단'이 되었기 때문이다.

1910년대 뉴욕 거리를 누볐던 택시가 전기로 움직였고, 1990년대 미국 캘리포니아가 환경 규제를 앞세우자 GM을 비롯해 토요타 등 많은 제조사가 전기차를 내놨지만, 수익성이 없어 스스로 폐기해 버렸다. 여전히 내연 기관에서 이익을 얻는 자동차 회사의 입장에서 전기차는 불필요한 투자만 초래하는 애물단지였던 것이다. 게다가 충전 네트워크도 없어 사는 사람도 별로 없었다.

물론 노르웨이 정부도 EV 확산에 고민이 적지 않다. 언제까지 보조금 지급만으로 버틸 수는 없기 때문이다. 애초 8만 대까지 보급하면 지원을 중단할 것으로 알려졌지만, 아직 EV의 소비자 가격이 크게 내리지 않아 보조금 중단이 구매욕을 떨어뜨릴 수 있다는 우려 속에 현재까지는 보급 지원을 추진하고 있다.

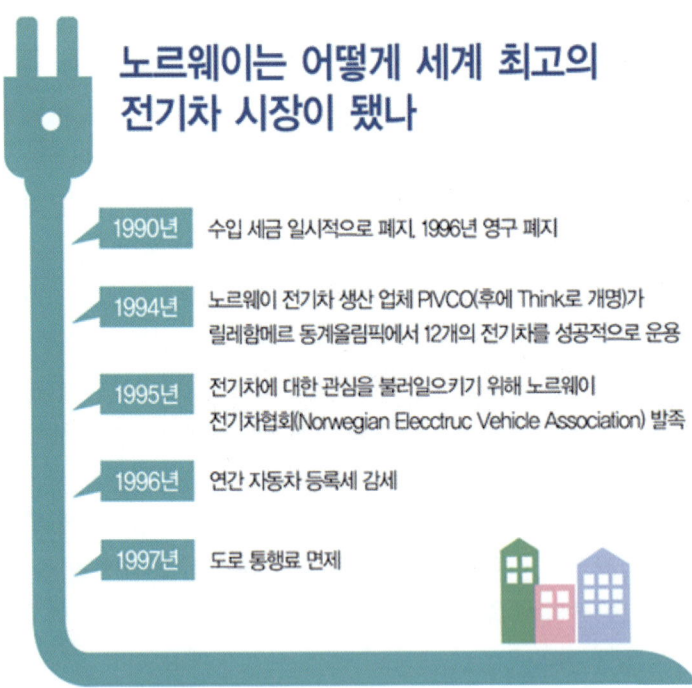

노르웨이는 어떻게 세계 최고의 전기차 시장이 됐나

- 1990년: 수입 세금 일시적으로 폐지, 1996년 영구 폐지
- 1994년: 노르웨이 전기차 생산 업체 PIVCO(후에 Think로 개명)가 릴레함메르 동계올림픽에서 12개의 전기차를 성공적으로 운용
- 1995년: 전기차에 대한 관심을 불러일으키기 위해 노르웨이 전기차협회(Norwegian Elecctruc Vehicle Association) 발족
- 1996년: 연간 자동차 등록세 감세
- 1997년: 도로 통행료 면제

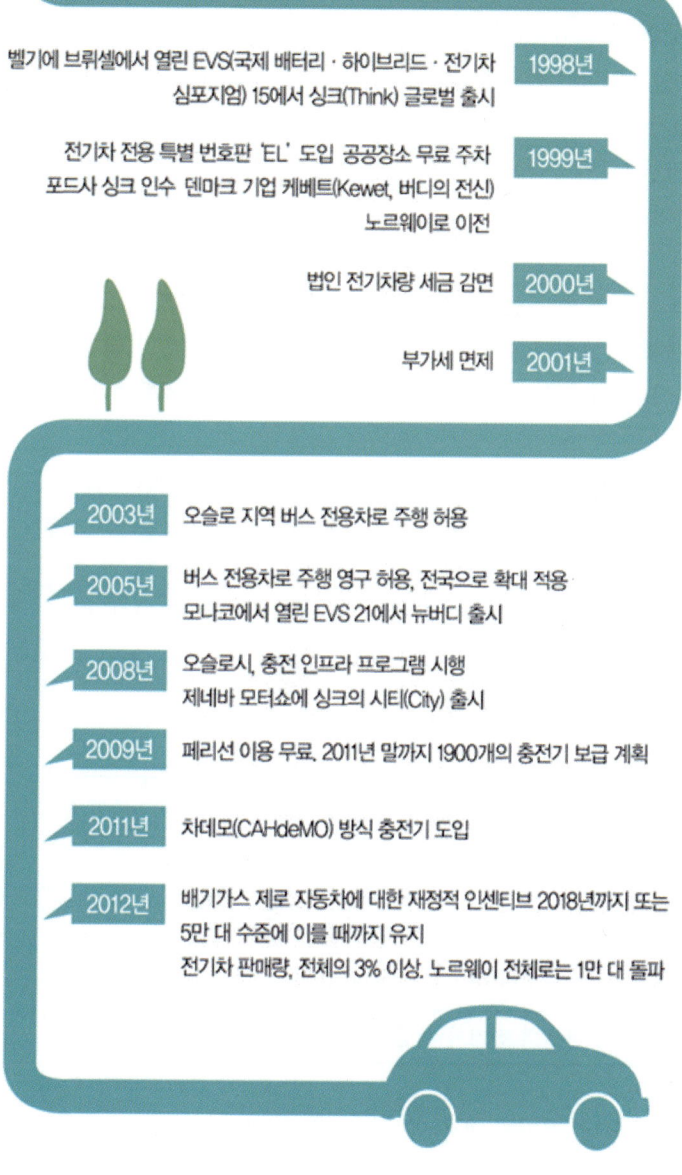

반면 석탄과 원자력에 대한 의존도가 높은 지금의 국내 에너지 공급 구조를 고려할 때 노르웨이와 같은 EV 보급은 우리에게는 비현실적이다.

오슬로가 전기차 선도 도시로 떠오른 데는 노르웨이 정부, 소비자, 자동차 회사라는 3자의 이해관계가 정확히 맞아 떨어졌기 때문이다.

먼저 노르웨이 정부는 친환경 정책 확산을 위해 전기차 5만 대 보급 계획을 세웠다. 정부가 앞장서서 노르웨이의 대기 환경을 지키겠다는 신념을 드러냈고, 그에 걸맞은 다양한 혜택을 내놓은 것이다.

두 번째는 전기차에 대한 소비자들의 높은 이해에 있다. 소비자들은 적극적으로 시내 곳곳에 설치된 공공 충전 망을 무상으로 활용하고, 내연 기관차와 비교한 전기차 사용에 따른 경제적 이점에 주목하면서 전기차 구매를 주저하지 않았다. 신차 등록세가 면제되고, 버스 전용차선도 다닐 수 있는 특혜가 주어지면서 폭발적인 판매 증가가 견인된 것이다.

| 연도 | 정부 정책 |
| --- | --- |
| 1990년 | 수입 전기차의 관세 면제 |
| 1994년 | 릴레함메르 동계 올림픽에 피브코의 전기차 12대 후원 |
| 1995년 | 노르웨이 전기차협회 발족 |
| 1996년 | 정부의 전기차 세금 감면 |

이렇게 조성된 전기차 확산 기반은 유럽 내 전기차 제조사를 자극했고, 전기차 회사들이 앞다투어 노르웨이에 진출했다. 덴마크에 본사를 둔 케웨트(현재 Buddy로 판매)가 1999년 노르웨이에 안착해 현지 전기차인 팅크(Think)와 경쟁을 시작

하자 노르웨이 정부는 더 많은 전기차 기업 유치를 위해 2001년 25%에 달하는 자동차 부가세를 면제해 주었다. 또한 2003년에는 정체가 덜한 버스 전용차선 이용도 허락했다. 전기차협회의 크리스티나 사무총장은 버스 전용차선 이용이 출퇴근 시마다 교통 정체를 겪어야 했던 소비자의 구매에 결정적인 역할을 했다고 설명한다. 이어 노르웨이 정부는 2008년 다양한 방식의 충전기를 시내 전역에 확대 설치했고, 그 결과 전국적으로 2,700기의 충전기를 마련했다. 그리고 지금은 급속 충전기 확대를 위해 팔을 걷어붙였다.

정부의 노력으로 전기차 이용에 대한 불편함이 크게 개선되자, 해외 제조사에서는 뜨거운 반응이 쏟아졌다. 2011년 100% EV 아이미브(i-MiEV)를 런칭한 미쓰비시는 그 해에만 1,050대를 판매했고, 같은 해 나온 닛산의 리프(Leaf)는 6개월 만에 판매량이 1,000대를 돌파했다. 심지어 리프는 엔진을 구분하지 않는 자동차 판매 순위에서 노르웨이 내 판매 1위를 할 만큼 대중적인 인기를 얻었다. 특히 현재 판매되는 리프는 전기차의 가장 큰 단점으로 지적되는 1회 충전 주행 거리를 160km에서 190km로 늘인 데 이어 실내 공간도 최대한 넓게 확보해 노르웨이 수도 오슬로의 최고 차종으로 떠올랐다.

기본적으로 노르웨이 국민들은 전기차를 구입, 운행할 때 만족도가 높은 편이다. 노르웨이 전기차협회의 크리스티나 사무총장은 구매자들의 특성으로 '고학력, 고소득, 대도시, 1인 가구, 두 번째 자동차' 등을 꼽았다. 구매자들은 가까운 쇼핑이나 출퇴근용으로 전기차를 운행하며, 그 만족도는 91%에 달한다. 또한 한 번 전기차를 구매한 경험이 있는 소비자들의 74%가 다음 차로도 전기차를 선택하겠다고 밝혔다.

하지만 크리스티나 총장은 전기차 보급의 걸림돌에 대한 솔직함도 드러냈다. 바로 **세금**이다. 그는 "노르웨이는 자동차 세금이 매우 높고, 이 중 상당수가 지방 재정"이라며 "보급량을 5만 대로 설정한 것도 재정 문제와 무관치 않다."고 말했다. 따라서 전기차 제조사들이 가격을 낮추기 위한 노력을 반드시 해야 한다는 입장을 덧붙였다.

결과적으로 초기에는 정부의 적극적인 보급 정책이 필요하지만, 이후에는 제조사 스스로 가격 경쟁력을 갖춰야 대중화가 될 수 있음을 언급한 것이다.

노르웨이의 전기차 보급 정책은 한국에도 시사하는 바가 크다. 일단 정부가 나서서 먼저 주도해야 제조사와 소비자가 움직인다는 점이다. 최근 일부 지자체가 전기차 구매 시 보조금 정책을 펴서 구입을 장려하겠다고 한 것도 같은 맥락이다. 그러나 보급에 따른 재정과 에너지 문제도 함께 고민해야 한다. 한국은 노르웨이처럼 전력을 수출하는 곳도 아니고, 노르웨이처럼 정부 재정이 풍부하지도 않기 때문이다.

그럼에도 불구하고 미래 사회를 대비한 인류 불변의 진리는 화석연료의 사용을 줄여야 한다는 것이다. 140년간 화석연료를 통해 얻은 편익은 **"지구 온난화"**라는 생존의 문제를 야기하였다. 인류에게 이동의 편리함을 가져온 자동차는 지금 새로운 동력원의 채용을 강요받고 있으며, 서서히 전기로 그 권력이 이동할 수밖에 없는 것이다.

지구 온난화로 인한 해수면 상승

# 흔들리는 140년의 내연 기관

 흔히 '장은 오래돼야 맛이고, 옷은 새것이 좋다.'고 말한다. 자동차에도 그대로 들어맞는 속담이다. 기업의 역사는 오래될수록 좋지만 제품은 새것이어야 한다. 회사는 전통이 있을수록 가치가 빛나고, 자동차는 트렌드가 반영되어야만 장수할 수 있는 것이다.

 그렇다면 '늙었다'는 표현이 들어맞는 나이는 얼마나 될까? 통상 100살 내외로 보는 게 일반적이다. 메르세데스 벤츠

벤츠의 클래식 자동차

가 120살이 넘었고, 아르망 푸조가 2기통 2.3마력 엔진으로 16km를 달린 삼륜차를 만든 것도 123년 전이다. 헨리 릴랜드가 1기통 10마력 엔진을 '캐딜락'에 얹은 때가 1901년이고, 아우구스트 호르히(August Horch) 박사가 라틴어 '듣다'라는 의미로 아우디를 사용한 지도 102년이 흘렀다. 자동차의 왕으로 불렸던 헨리 포드의 역사도 100년을 넘은 지 오래다.

이러한 기업의 전통이 때로는 고루함으로 직결되어 발목을 잡기도 한다. 신차 개발 때 언제나 '늙음(전통)과 젊음 사이'에서 갈등하는 이유다. 자동차 구매자가 젊어진다는 사실을 결코 간과할 수 없되 그렇다고 숙성된 브랜드의 가치를 포기할 수도 없는 것이다.

차라리 하나의 성격만 고집해 온 브랜드는 그나마 낫다. 태생부터 스포츠 세단에 매진했던 마세라티에게 지난 100년은 행복했던 시간이다. 1887년 마세라티 가문의 여섯 형제 가운데 네 번째로 태어난 알피에리 마세라티의 자동차 만들기가 지금도 이어지고 있기 때문이다. 또한 페라리와 포르쉐도 마세라티처럼 100년에는 못 미치지만 그 성격은 지금까지 고수했다.

마세라티 콰트로
포르테 S Q4

하지만 이들도 변화는 불가피하다. 마세라티에는 극한의 스포츠카 MC 스트라달레도 있지만, SUV 쿠방과 중형 스포츠 럭셔리 세단까지 제품군이 확대된다. 포르쉐는 이미 SUV의 대명사로 탈바꿈하는 중이다. 반대로 차종이 즐비한 회사는 전보다 더욱 특화된 제품 생산에 주력한다. **아우디가 R8으로 페라리와 포르쉐에 맞서는 것처럼 말이다.** 바야흐로 무한 경쟁의 시대인 것이다.

아우디 R8

뒤늦게 엄청난 양적 성장을 이룬 회사에게 100년을 내세운 브랜드는 반면교사가 될 수 있다. 브랜드와 제품의 전략 수립 방향을 설정하는 데 매우 유용하니까 말이다. 현대차가 최근 내놓은 '리브 브릴리언트(Live Brilliant)'는 전통보다 현재에 초점을 맞췄다. 어차피 넘을 수 없는 시간의 벽을 감성과 이미지로 극복하겠다는 생각이다. 현대차로서는 무한 경쟁 시대에 생존을 위한 또 하나의 몸부림이다.

품질이 변화되려면 일정한 수량이 뒷받침되어야 한다는 칼 마르크스의 '**양질전화(量質轉化)**' 이론이 떠오른다. 수많은 자동차 회사에 반드시 들어맞는 이야기는 아니지만 700만 대를 앞세운 현대기아차의 브랜드 전환 발상은 양질전화의 결과일 수도 있다.

그런데 지금은 변화의 질적인 부분이 바뀌고 있다. 단순한 제품 개선의 수준이 아니라, 이른바 자동차가 똑똑해지고, 새로운 동력원이 활용되며 **미래 지향적인 에너지 찾기에 골몰**하고 있기 때문이다.

2008년, BMW 코리아가 수소를 에너지로 삼는 7 시리즈 "**하이드로젠**"을 국내에 소개했다. 판매보다는 수소차에 대한 인지도를 높이기 위한 것이었는데, 당시 7 시리즈는 수소를 이용해 전기 동력을 얻는 연료 전지가 아니라 수소를 가솔린처럼 엔진에서 직접 태우는 수소 엔진 형태였다. V12 6.0ℓ 가솔린 엔진에 액화된 수소를 넣어 태우는 방식인 것이다. 이것은 운전자의 필요에 따라 휘발유를 태울 수도, 수소를 넣을 수도 있다. 한국을 방문한 당시 BMW 그룹의 데이비드 팬턴(David Panton) 수석 부사장은 "오랜 기간 생성돼 온 화석연료가 겨우 지난 수백 년 동안 고갈 위험에 빠졌다."며 "배출 가스를 줄이고, 태양광이나 풍력 같은 대체 에너지로 수소연료를 만들어 사용하는 것만이 미래 자동차 업계가 나아갈 길"이라고 강조했다. 당장 수소차의 일상화가 어려운 만큼 휘발유를 겸용해 불편을 줄여 나간다는 방침이었다.

하지만 10년이 지난 지금 BMW의 생각은 수소 엔진에서 연료 전지로 선회하고 있다. 액화된 수소를 저장하는 데 적지 않은 비용이 들기 때문인데, 그럼에도 이들의 수소 연구는 지금도 한창이다.

2011년 독일 뮌헨을 방문했을 때 BMW 미래연구센터 책임자인 프라이만 박사는 수소를 상온에서 저장할 수 있는 보관법을 만들면 경제성이 확보되어 수소차 시대를 쉽게 열 수 있다고 하였다. 영하 273도에서 액화되는 수소를 0도 이상에서도 저장하는 방법을 끊임없이 연구한 끝에 어느 정도 결과물을 얻었다는 얘기다.

베를린 수소 충전소

이어진 프라이만 박사의 얘기는 다음과 같다.

> "현재의 내연 기관으로 효율을 50% 높이는 것은 불가능하다. 그래서 동원 가능한 모든 수단을 통해 효율을 높이게 된다. BMW의 이피션시 다이내믹스(Efficiency Dynamics)의 기본 개념이다. 여기에는 수소도 포함된다. 저장 문제만 해결되면 대체 에너지의 개념이 바뀔 수 있다. 더불어 비용 문제도 해결할 수 있다. 예를 들어 태양에서도 수소를 뽑아낼 수 있는데, 사하라 사막의 2%에 집열판을 설치해 수소를 얻는다면 지구상의 모든 자동차가 1년을 사용할 수 있는 양이 될 것이다. 그래서 수소에 주목하는 것이다."

화석연료를 사용하는 엔진이라는 전통적 개념에서 에너지 탈출을 꿈꾸는 이유는 배출 가스를 줄이는 방법의 한계 때문이다.

흔히 자동차의 배출 가스를 줄이는 방법에는 첫째, 동력원의 다양화가 있다. 여기에는 휘발유나 경유를 태워 동력을 얻는 내연기관(Engine)의 역할을 줄이되 전기로 동력을 대신하는 하이브리드 카와 전기차 등이 포함된다. 에너지원으로 수소를 사용하는 수소연료전지나 태양열을 통해 전기를 얻는 태양열 차도 있다.

토요타 하이브리드

**논란은 에너지원**이다. 하이브리드의 경우 자체 충전으로 전기를 얻지만, 플러그인 하이브리드는 원자력이나 화력, 수력 등으로 만들어진 전기를 충전해 이용한다. 전기차도 마찬가지이다. 그래서 궁극의 무공해차가 될 수 없다는 지적을 받는다. 물론 태양열이나 수소연료전지가 이를 대신할 수 있지만 상용화에는 오랜 시간이 필요하기 때문이다.

두 번째는 **내연 기관 자체의 배출 가스 감소**다. 연료를 최대한 연소시켜 배출 가스를 일차적으로 줄이고, 그래도 나올 수밖에 없는 오염 물질을 제대로 걸러 온난화의 속도를 늦추는 방법이다. 디젤의 '커먼레일(Common Rail)'이나 가솔린의 '직분사(GDi)' 등이 전자라면, 매연 여과 장치와 삼원 촉매 장치 등은 후자에 해당한다.

배출 가스 감소
노력의 일환인
듀얼 트윈 머플러

세 번째는 **경량화**다. 무게를 줄여 연료 효율을 끌어내는 방법이다. 이것의 단점은 비싼 가격이다. 철보다 가벼운 알루미늄을 채용하거나 탄소 섬유를 이용할 수 있지만, 그렇게 되면 찻값의 고공 행진이 불가피하다.

친환경으로 분류되는 차들은 하나같이 비용 문제를 안고 있다. 그나마 동력원으로 전기를 일부 사용하는 하이브리드 카가 각광받지만 역시 가격이 문제다. 또한 전기차는 충전 망이 아직 완벽하지 못하고, 전력을 만드는 과정 자체가 친환경적이지 못하다. 그래서 140년의 화석연료 내연 기관이 **전기 모터와 연료 전지**로 변화하고 있는 것이다.

# 디바이스(Device)와 비이클(Vehicle)의 경계선

"시동이 아닌 부팅, 운전이 아닌 플레이,
머신이 아닌 드라이빙 디바이스."

현대차 아이오닉의 광고 슬로건이다. 움직이기 위해 엔진 작동이 필요 없으니 전원 공급 및 OS 작동이 '부팅(Booting)'이며, 플레이(Play)는 똑똑한 지능형을 의미한다. 그리고 기계(Machine)가 아니라 운전하는 전자 제품(Device)이 바로 아이오닉의 DNA라는 뜻이다. 한 마디로 디바이스와 비이클의 경계가 허물어지는 시대다.

전통적인 개념의 자동차, 즉 비이클(Vehicle)의 사전적 의미는 '운송 수단, 탈것' 등으로 규정돼 있다. 그리고 디바이스(Device)는 '장치, 기기, 기구'로 해석된다. 그래서 전자 제품을 흔히 '일렉트로닉(Electronic) 디바이스(Device)'라 한다. 따라서 비이클과 디바이스는 개념이 달라도 한참 다른 용어지만, 자동차를 점차 디바이스로 부르는 시대로 넘어가고 있다. 자동차를 기계가 아닌 전자 제품으로 인식하려는 미래 지향적인 노력 때문이다.

그렇다면 **디바이스로서 자동차의 가능성**은 어떨까?

움직임을 제어하는 것은 디바이스적인 측면이지만, 구성되는 부품은 여전히 기계 장치가 대부분이기 때문에 현재는 전망이 그리 밝지 않다. 대표적으로 테슬라는 자동차를 디바이스로 규정하고 있다. 최근 지능 장치인 오토파일럿의 오류로 사고가 있었지만, 여전히 자동차를 전자 제품의 연장선으로 접근하고 있다. 또한 구동에 필요한 에너지를 태양에서 얻으려는 움직임도 활발하다. 어차피 미래가 그렇게 변한다면 변화의 속도를 앞당겨 먼저 가는 게 낫다는 판단에서다.

테슬라는 기존 마중물 전략에서 펌프에서 물이 나오는 속도를 높이는 쪽으로 기울고 있다. 전기차를 자동차가 아닌 IT 디바이스로 부각하여 새로운 트렌드를 만드는 이유도 같은 맥락이다. 한국자동차미래연구소(KAFR : Korea Automotive Future Research Institute) 박재용 소장은 "테슬라는 시장을 선도해야만 지속 가능한 사업 구조로 되어 있다."며 "다른 자동차 회사와 달리 내연 기관 수익이 없는 만큼 EV의 빠른 확산을 기대하지만, 에너지는 산업 인프라를 바꾸는 것이어서 시간이 걸릴 수밖에 없다."고 설명한다. 결국 시장을 빠르게 바꾸려는 테슬라와 최대한 변화를 늦추려는 기존 자동차 회사의 보이지 않는 기 싸움이 시작된 것이다.

최근 재미나는 일이 하나 벌어졌다. 전기차를 디바이스로 보고 가전 대리점에서 판매하는 일이 빈번해진 것이다. 제주 롯데하이마트가 닛산의 전기차 리프를 판매하기로 했는데, 이 결정에는 소비자가 전기차를 자동차가 아닌 전자 제품으로 인식할수록 구매 거부감이 줄어든다는 점이 고려됐다.

이에 앞서 현대차는 LG전자 매장을 전기차의 마케팅 장소로 활용하고 있다. LG전자가 주차장에 전기차 충전 시설을 마련했고, 충전이 진행되는 중에 기다리는 시간을 활용하여 가전 매장을 둘러볼 수 있도록 했다. 지금은 충전 서비스만 제공하지만, LG전자 매장에서 현대차 아이오닉 일렉트릭의 판매 가능성이 매우 높아진 것이다. 현대차로서는 일종의 전기차 특별 전시장을 확보하는 것이고, LG전자는 가전 매장의 방문자를 늘리는 '윈-윈' 효과를 노린 것이다.

이 원원 전략은 '**유통의 융합**'이란 측면에서 적지 않은 관심을 모은다. 자동차는 그간 해당 브랜드의 전시장을 통해 꾸준히 판매되어 왔다. 하지만 자동차도 가전제품, 즉 또 하나의 공산품이란 측면을 생각하면 할인점 및 백화점, 가전 매장 등에서도 충분히 판매될 수 있다.

현재 국내 자동차의 유통 체계는 '공장-전문 대리점-소비자'의 구조다. 대리점은 자동차 회사가 직접 운영하는 곳과 별도 사업자와 계약을 체결해 위탁 운영하는 곳으로 구분된다. 한국GM 및 르노삼성처럼 100% 위탁 사업자 체제를 통해 운영하는 곳도 있다. 이런 과정에서 자동차는 늘 '전문 판매점'이 유통의 중심에 있었다. 이번 원원 전략은 이런 전통적인 유통 구조에 변화가 일어났음을 의미하는 것이다. 이를 시작으로 자동차와 가전의 전시장 융합이 시작될 것을 충분히 예상해 볼 수 있다.

물론 온라인 판매도 마찬가지다. 지난 10~20년 동안 전자상거래(e-커머스)는 우리의 일상 속으로 바짝 들어왔다. 구매 시 매장 방문이 필수적으로 여겨졌던 인테리어 소품이나 전자제품은 물론 신선도를 고려해 마트에서 사던 식재료까지 이제 온라인에서 가장 활발하게 유통하는 제품이 된 지 오래다.

그렇다면 자동차도 온라인에서 사고팔 수 있지 않을까? 물론이다. 비교적 고가의 제품이긴 하지만 세상의 모든 물건이 온라인으로 구매가 가능한 시대에 자동차라고 예외일 수는 없다. 국내에서도 2000년 전후 온라인 판매에 대한 시도가 있었고, 최근 홈쇼핑을 통해서도 몇몇 시도가 있었지만 오프라인 영업망 보호(?) 명목에 따라 대부분 단발성 이벤트에 그쳤다. 그러나 르노삼성자동차가 지난해 국내에선 처음으로 전 차종 온라인 판매의 물꼬를 트면서 이제는 거스를 수 없는 대세에 들어섰다는 관측이 많다.

해외에서는 이미 자동차 온라인 판매에 대한 다양한 시도가 있고, 규모도 점차 커지고 있다. 제조사가 주도하는 대표적인 온라인 판매로는 테슬라를 들 수 있다. 테슬라는 별도의 영업망을 두지 않고 홈페이지를 통해 전 차종을 예약·판매하고 있다. 이와 관련한 금융 상품도 온라인에서 제공하고 있다. 카드, 은행, 페이팔, 수표, 신용보증 등 다양한 방식으로 결제할 수 있으며 견적부터 지불, 대기 안내를 거쳐 출고까지 모두 홈페이지 내에서 이뤄진다. 물론 계약금 결제 후 전문 인력이 소비자에게 연락해 출고를 돕기도 하지만 어디까지나 온라인 판매를 지원하는 보조 역할이다.

온라인 판매는 오프라인 영업망이 단단하게 뿌리내린 곳에서도 점차 싹을 틔우고 있다. 제조와 판매를 구분한 미국에서는 딜러를 지원하는 형태로 온라인 판매가 이뤄지고 있다. 대표적으로 GM은 온라인 구매자에게 혜택을 주고 있으며, 딜러 시스템과 연계한 금융 프로그램도 서비스하고 있다. 현재 50개 주 1,655개 딜러가 온라인 판매 시스템을 운용하고 있다.

BMW나 볼보 등은 온·오프라인을 연계한 온라인 판매 프로세스를 운영 중이다(O2O 방식). 쉽게 말해 계약 지원형 시스템으로, 온라인으로 청약하고 계약금을 내면 관련 정보를 딜러에게 전달하고, 이후 최종 구매조건을 딜러와 협의하는 방식이다. BMW는 이를 지난 2016년부터 영국 전역에서 시행하고 있으며 세계로 확대할 계획이다.

볼보 역시 2016년 9월 창립 87주년 기념 이벤트로 1,927대의 XC90을 온라인에서 팔았다. 홈페이지에서 구매 희망 제품을 고르고 딜러를 택한 다음 계약금 200달러를 결제하면 정보를 해당 국가의 딜러에게 전달, 구매가 이뤄지는 방식이다. 최근 르노삼성이 전 차종에 도입한 e-커머스도 이런 계약 지원형에 해당한다.

쇼핑몰이나 전문 e-커머스 채널을 이용하는 온라인 판매도 늘고 있다. 이 형태에서 가장 앞선 나라는 중국이다. 중국 T몰에서는 여러 자동차 제조사가 입점해 판매를 진행 중이며, 1위 안 시승권을 비롯해 다양한 프로모션을 펼치고 있다. 계약금부터 전체 금액까지 낼 수 있으며, 딜러와 연계해 구매조건을 상담하고 계약과 출고가 이뤄진다. 미국의 대표적 쇼핑몰 아마존 역시 자동차 판매에 매우 적극적이며, 이미 닛산 등 일부 차종을 이벤트성으로 판매한 바 있다. 아마존 역시 지속적으로 자동차 판매 비중을 늘려나갈 계획이다. 최근에는 알리바바가 포드와 손잡고 중국 내 온라인 자동차 판매망 구축에 합의하기도 했다.

과거에 온라인 자동차 판매에 대한 시도가 없었던 건 아니다. 한국의 경우 1990년대 말부터 초고속 인터넷을 보급하면서 2000년대 전후 일부 벤처기업이 자동차 온라인 판매를 시도했지만 실패했다. 오프라인 전시장에서 차를 보고 계약하던 관행을 뛰어넘지 못했고, 무엇보다 기존 유통망의 반발과 정가 유지를 위한 제조사들의 의지가 강해서였다.

따라서 전통적인 영업망이 존재하는 한국 시장에서 당장 실현 가능한 온라인 자동차 판매 방식은 딜러 지원형이다. 르노삼성은 QM6를 출시하면서 이를 실험한 적이 있다. 온라인으로 견적을 내고 계약까지 할 수 있는 서비스를 시행한 결과 소비자들의 호응이 높았다. 그러자 르노삼성은 모든 차종에 전자상거래를 도입했다. 즉, PC나 모바일 기기로 르노삼성 홈페이지 e-쇼룸에 접속하면 상세한 제품 구성과 옵션 등을 조합, 상세 견적을 낸 후 계약금을 납입하면 실제 계약까지 이뤄진다.

견적 단계에서는 차의 종류와 등급, 상세 옵션 등을 살펴본 후 원하는 조합을 할 수 있고, 지역에 따른 탁송료, '3년 또는 6만km 이내' 기본 제공 보증 외에 추가 보증(해피케어 4~7년)과 구매 방법(현금 및 할부)까지 선택해 청약할 수 있다. 영업 사원의 도움 없이 홈페이지에서 여러 조건을 비교, 자신에게 꼭 맞는 형태의 견적을 낸 후 이를 청약까지 할 수 있는 게 장점이다. 견적 과정에서 의문이 생기면 실시간 카카오톡으로 상담할 수 있으며, 필요하면 시승과 대면 상담도 신청할 수 있다.

자동차 온라인 판매는 이제 대세가 되고 있으나 역시 가장 큰 걸림돌은 기존 오프라인 영업망의 반발이다. 국내는 전통적으로 지역에 기반을 둔 직영 혹은 대리점 형태의 영업망을 통해 차를 팔아 왔고, 지금도 대부분의 신차 판매가 이런 형태다. 그 때문에 온라인 자동차 판매가 활성화될 경우 기존 영업망의 축소 혹은 역할 변경이 불가피한 상황이다. 이는 결국 영업 조직의 축소로 이어질 수 있는 만큼 반발은 피할 수 없다.

그러나 언제까지 기존 영업망에 발목을 잡혀 온라인 판매라는 흐름을 거스를 수는 없다. 대다수 전문가도 아직 시기가 빠른 듯하지만 막을 수 없는 추세로 보고 있다. 그렇다면 앞으로 국내 온라인 자동차 판매의 주도권은 누가 쥘 것인가. 결국 시장은 소비자들의 요구에 따라가기 마련이다.

# 바꾸려는 자와
# 지키려는 자

몇 해 전 테슬라의 오토파일럿이 사고를 일으켰다. 2016년 5월 테슬라 '모델 S'를 타던 미국의 조슈아 브라운(Joshua Brown) 씨가 모델 S의 자율주행 운전 기능인 오토파일럿을 작동시켜 놓고 주행하다 고속도로 수직 교차로 부근에서 좌회전하던 흰색 대형 트럭을 추돌했다. 정상적인 경우라면 센서가 트럭을 인식해 속도를 줄이거나 긴급하게 멈춰야 했지만, 자동차가 인식하지 못하고 트럭 밑으로 깔려 들어갔다. 테슬라는 사고 당시 하늘이 맑았고, 운전자와 진행하던 흰색 트럭을 하늘로 인식해 사고가 발생했다고 설명했다. 자체 센서가 강한 빛을 인식하지 못해 일어났다고 인정한 셈이다.

이 소식이 알려지자 기존 자동차 회사들은 일제히 테슬라의 불안전성을 꼬집고 나섰다. 완성도가 낮은 기술로 소비자를 현혹한 결과라며 집중 공격을 시도했다. 동시에 테슬라를 따돌릴 만한 전기차를 등장시키며 새로운 경쟁자의 시장 진입도 어렵게 만들고자 하였다.

테슬라 자동차가 2014년 선보인 자율주행 기능인 **오토파일럿**(Autopilot)은 자동차 스스로 차선을 유지하고, 속도를 조절하며 충돌을 방지하는 부분 자율주행 기능을 뜻한다. 방향 지시등을 켜면 차선까지 변경하는데, 테슬라뿐 아니라 최근 자동차 기업들이 모두 도입하는 기능이다. 메르세데스 벤츠와 아우디 또한 비슷한 기술을 속속 도입하고 있다. 그럼에도 기존 자동차 회사가 테슬라를 공격하는 이유는 기술의 완벽성을 깎아내리기 위한 전략이라는 시각이 지배적이다.

오토파일럿을 강점으로 내세운 테슬라 자동차

실제 사고가 알려진 후 테슬라는 오토파일럿이 트레일러와 하늘의 색상을 구분하지 못해 사고가 났다고 설명했다. 일부 완벽하지 못함을 인정했고, 더욱 철저한 기술 구현을 약속했다. 하지만 테슬라는 자율주행 기술을 멈출 의도는 전혀 없다는 점도 분명히 했다. 테슬라는 사람이 운전할 때 사망 사고가 발생하는 평균 주행 거리가 9,600만km인 반면 오토파일럿은 1억 5,000만km에서 사고가 난 점을 들어 오토파일럿이 더 위험하다고 볼 수 없다는 주장을 펼쳤다. 하지만 해당 사고를 계기로 소비자 단체에서 자율주행의 책임 소재에 대한 논란이 불거졌고, 지금도 계속되고 있다.

자율주행(오토파일럿) 시연

그렇다면 **오토파일럿의 인식 불량에 따른 사고는 과연 누구의 책임일까?** 테슬라는 일단 사람에게 책임을 돌렸다. 오토파일럿 기능은 보조적일 뿐, 운전자는 운전대에 항상 손을 올려 둬야 하고 충분한 주의를 기울여야 한다는 게 핵심 주장이다. 반면 소비자는 제품의 기능 오류가 결정적 원인이었던 만큼 제조물 책임에 무게를 두고 있다. 운전자는 기능 수행 명령만 내렸으니 말이다.

이런 논란은 비단 미국에서만 있는 일이 아니다. 2016년 3월 국회에서 열린 '자율주행 차 사고 책임에 관한 법률 토론회'는 현재 미래형 자율주행에 관한 다양한 분야의 걱정을 여과 없이 드러냈다. 자동차미래연구소 주최로 자율주행 차의 법적 책임에 관한 토론회에서 제조사를 포함한 기술에 초점을 둔 입장은 "사고 가능성 때문에 운행을 못 하는 건 미래를 위한 올바른 판단이 아니다."라는 목소리를 냈다. 반면 보험사를 비롯한 소비자 단체는 "사고 가능성이 0.0001%라도 있다면 제조사가 그 책임을 져야 한다."는 입장을 굽히지 않았다.

또 한 가지 윤리적인 문제가 있다. 운전자 보호와 보행자 보호의 갈등에서 누구를 우선 보호할 것이냐의 문제다. 예를 들어 자율주행으로 가다가 부득이하게 장애물을 충격해야 할 때 어린아이와 노인이 있다고 가정하면 과연 누구를 충격해야 하는지 결정하기가 쉽지 않다는 뜻이다. 반대로 보행자를 보호하기 위해 벽을 충격해 운전자가 다치도록 프로그램을 한다면 소비자들이 사지 않을 것을 쉽게 짐작할 수 있다. 전통을 지키려는 자들은 이와 같은 윤리와 기능의 오류를 빌미로 미래 자동차 권력의 헤게모니 싸움을 최대한 늦추려 한다.

하지만 흐름은 바꿀 수 없을 것이다. 2016년 1월 미국 라스베이거스에서 열린 CES는 이런 변화를 잘 보여 주는 사례이다. 세계 최대 소비자 가전 쇼에 자동차들이 적지 않게 등장, 자동차의 진화를 극명하게 보여 줬기 때문이다.

당시 완성차 회사로는 GM, 포드, FCA 등 미국 빅 3를 비롯해 BMW, 폭스바겐, 벤츠, 기아자동차, 토요타 등이 부스를 차렸다. 이 가운데 일부 자동차 회사는 가전 업계와 손잡고 '스마트 혁명'을 드러냈다. '스마트(SMART)'라는 범위 아래 자동차(Car)를 가전제품(Electronics)과 연결하는 사물인터넷(IoT)에 적극적으로 나선 것이다.

모두 자동차의 지능화를 어떻게 보여줄 것인지 고민한 흔적이 역력했다. 기아차는 콘셉트 카 노보(NOVO)를 공개했다. 이미 2015년 서울 모터쇼에서 선보였지만, 스마트 IT 기능을 갖춘 미래형 차라는 점에서 CES 무대에 올렸다. 이와 함께 앞으로 활용할 미래 운전석 등을 마련해 관람객이 영상 체험을 하도록 했다.

기아차
노보(NOVO)

　토요타는 콘셉트 카 키카이를 CES의 주력 전시품으로 활용했는데, 차체 안에 감춘 부품을 바깥으로 드러내 기계 자체를 예술로 승화시켰다는 평가를 받았다. 그러나 토요타는 무엇보다 수소 에너지를 강조한 무대로 CES를 활용했다. 토요타가 꿈꾸는 미래 수소 사회를 위해 수소로 움직이는 이동수단 FV2와 수소차인 '플러스' 등을 내세웠다.

토요타가 꿈꾸는
미래 수소차 FV2

벤츠는 IAA 콘셉트 카를 무대에 올렸다. 이전에 프랑크푸르트 모터쇼에 공개했으나 벤츠의 지능형 기술을 가장 많이 담은 차라는 점에서 CES에도 내놨다. 벤츠로서는 IAA의 성격을 가전제품에 가까운 자동차로 여긴 셈이다.

벤츠의 콘셉트 자동차 IAA

폭스바겐은 전기 콘셉트 카 버드를 최초로 발표했다. 터치와 음성 명령, 집과 회사로 온라인 연결이 가능한 게 특징이다. 15분 내에 배터리의 80%를 충전할 수 있는데, 이는 테슬라의 슈퍼차저 방식보다 훨씬 빠르다. 폭스바겐은 오는 2020년부터 버드를 양산할 방침이다. 이외 폭스바겐은 자동차와 사물의 연결도 강조했는데, 대표적인 것으로 스마트 가전이 즐비한 스마트홈을 꼽았다. 자동차와 집 안의 가전을 온라인으로 연결하면 자동차에서 가전제품을 작동할 수 있는 기능이다. 폭스바겐 승용부문 허버트 디스 회장은 "휴대용 가전 기기와 자동차의 연결은 새로운 기회를 보여 주는 것"이라며 "**앞으로 자동차는 가장 중요한 인터넷 디바이스가 될 것**"이라고 강조했다.

폭스바겐이 스마트 홈과 자동차의 연결성을 밝히면서 LG전자에도 시선이 쏠렸다. 폭스바겐이 사물인터넷의 파트너로 LG전자와 손을 잡았기 때문이다.

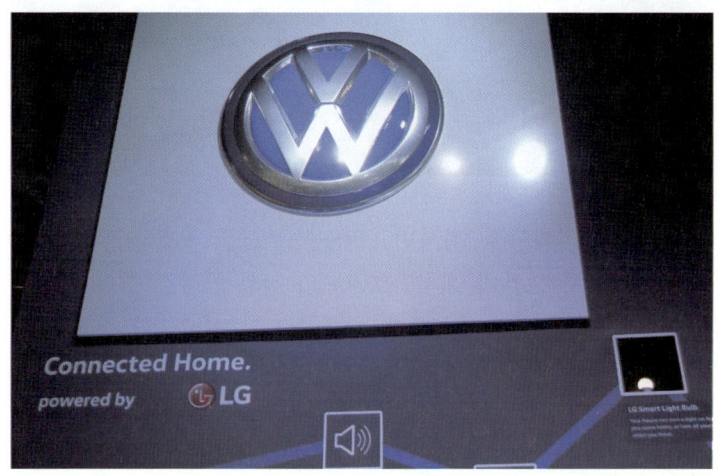

폭스바겐과 LG전자의 융합

BMW는 세계 최초로 네트워크 컨트롤과 운전자 인터페이스의 미래를 보여 주는 'BMW i 비전 퓨처 인터랙션' 콘셉트 카와 새로운 동작 제어 기술인 '에어 터치'를 선보였다. 이와 함께 오픈 모빌리티 클라우드를 활용한 새로운 사물인터넷 기술도 공개했다. 이른바 움직이는 전자 제품으로 진화하는 자동차를 선보인 것이다.

완성차 업계 외에 현대모비스와 마그나 등 부품 업체들의 CES 참여도 점차 많아지고 있다. 덴소와 보쉬, 콘티넨탈, 현대모비스 등은 공통적으로 영상과 ADAS 소개에 집중했다. 보쉬 등은 오히려 가전제품에 들어가는 기술을 소개하는 데 집중하는 등 소비자 가전과 자동차의 경계가 점차 허물어지는 뚜렷한 흐름을 나타냈다.

보쉬의
커넥티드 자동차

정리하면, 자동차 회사만 CES를 주도한 것은 아니다. 3D 입체 영상, 사물 감지 센서, 그래픽의 정확성 등은 그동안 가전 분야에서 꾸준히 발전해 왔던 기술이다. 그러나 자동차에 가전 기능을 속속 접목하면서 그 경계가 허물어지고 있음이 주목된 것이다. 게다가 장벽이 허물어지는 속도도 예상보다 빠르다.

흔히 "가전과 자동차의 차이점이 무엇인가?"라는 질문에 많은 사람은 '이동성'과 '고정성'을 꼽는다. 자동차는 '이동(Mobility)'이라는 본질적인 목적성을 가진 반면 가전은 한정된 공간 내에서 사용하기 때문에 나온 말이다. 하지만 휴대전화나 노트북 등도 이동성이 있다. 이런 측면에서 자동차를 가전에 가깝다고 여기기도 한다.

하지만 같은 '이동 가전'이라도 명확히 다른 점이 있다. 자동차는 사람을 태워 이동시키는 반면 가전은 사람이 휴대한 채 움직인다는 점이다. 즉, 자동차는 실내에 탄 사람의 안전을 지켜야 하지만, 가전은 휴대한 사람이 깨지지 않도록 보호해야 한다. 이런 차이점을 빌어 자동차 업계는 그동안 가전의 자동차 영역 침범을 좌시하지 않았다. 다임러 그룹의 디터 제체 회장은 "IT 및 전자 기업은 안전이 중요한 자동차 분야를 결코 넘을 수 없다."고 공개적으로 밝힌 바 있다.

그런데 기술 발전 덕분에 가전이 자동차 기업의 최대 보루였던 안전 영역으로 서서히 들어오고 있다. 사물을 감지하는 센서의 경우 작아지되 성능은 좋아졌고, 영상의 입체적인 구현은 자동차 스스로 주행 상황을 판단할 수 있도록 만들고 있다. 오류 가능성도 줄어들어 교통사고 없는 사회를 향해 나아가고 있다. 이것이 장벽이 무너지는 속도가 빠를 수밖에 없는 배경이다.

재미있는 것은 가전이 자동차 영역에 흡수될수록 자동차 또한 소비자 가전 사업에 뛰어들 수 있다는 점이다. 자동차 부품 회사 보쉬의 경우 이미 휴대전화 사업을 하고 있다. 흔히 '멤스(MEMS)'라 부르는 '미세 전자 기계 시스템(Micro Electro Mechanical System)'이 대표적이다. 멤스는 자동차 외에 스마트폰 및 웨어러블 전자 기기에 활용된다. 글로벌 시장의 스마트폰 4대 가운데 3대에 보쉬 센서가 들어갈 만큼 이미 보편화되어 있다. 그러니 상상력을 발휘하면 보쉬라고 삼성전자를 위협하지 말라는 법은 없다.

이런 상황에서 가전과 자동차 기업 양측이 공통으로 시선을 둔 곳이 바로 통신이다. 전자 제품의 핵심이 곧 외부 기기 연결이고, 가전 기업은 이를 기반 삼아 사물인터넷을 추진해 왔다. 그러자 자동차 기업도 움직이는 자동차를 하나의 통신 디바이스로 보고, 외부 사물과 연결을 진행했다. 전자 업계가 '사물인터넷'이라 칭하는 부분이 자동차에서는 '연결성(Connectivity)'으로 표현될 뿐 본질은 같은 것이다. 그렇게 본다면 앞으로 자동차와 손잡는 전자 및 IT 기업이 속출할 것이고, 관건은 누가 먼저 악수를 청할 것이냐에 있을 것이다. 먼저 손 내밀고 악수하는 기업이 미래에 살아남을 가능성이 높다!

2부

## 미래권력에 숨겨진 인공지능

# 포드와 구글의
# 끝없는 사랑

　　포드와 구글이 자율주행 차 분야에서 손을 맞잡은 것은 결코 우연이 아니다. 포드의 자동차 하드웨어에 구글의 다양한 소프트웨어를 접목해 자율주행에서 한발 앞서가겠다는 전략적 판단이 작용한 결과다.

　　그런데 양사의 결합을 성사시킨 인물은 다름 아닌 포드 출신의 앨런 멀랠리(Allan Mulally) 구글 이사회 멤버와 현대차 미국법인의 전 CEO였던 존 크래프칙(John Krafcik) 구글 자율주행 차 사업부장이다. 이들은 모두 과거 자동차 회사에 몸담았던 경험을 앞세워 구글의 독자적 행보만으로는 자율주행 차 시장 진입이 어렵다고 판단, 포드와 협업을 끌어냈다. 한마디로 포드가 만든 심장(전기 모터 및 엔진)과 몸(차체)에 구글의 머리(소프트웨어)를 얹는 프로젝트로 자율주행 차 분야를 이끌겠다고 판단한 것이다.

　　한때 자동차에 맞설 것으로 전망됐던 IT가 전통의 자동차 회사와 손잡은 이유는 명확하다. 관련 기술의 적용 분야로 자동차만큼 방대한 시장이 없기 때문이다. 물론 로봇에도 활용할 수 있지만 전통적 개념에서 로봇 산업은 아직 규모가 크지 않다. 따라서 지속 가능한 사업 분야를 확보해야 하는 IT 기업 입장에서는 자동차만큼 매력적인 분야가 없는 셈이다.

여기서 주목할 것은 '**산업 분야의 융합**'에 있다. 자동차와 IT가 접목되면서 두 산업의 밀접도는 급격히 높아지고 있다. 휴대전화와 자동차 센터페시아 모니터를 연결하는 미러링 서비스가 제공되는 중이며, IT 기업의 지도 서비스를 자동차에서 손쉽게 활용할 수도 있다. 쉽게 보면 자율주행이 다가올 미래에 완성될 것처럼 소란스럽지만 자율주행의 개념은 이미 오래전에 등장했고, 지금도 진행형이고, 앞으로도 계속 발전해 갈 것임을 알 수 있다.

또 하나 주목할 점은 변화의 속도다. 자율주행으로 전환되는 속도가 빨라지고 있는데, 지금의 추세라면 2030년이면 자율주행 차뿐만 아니라 모든 기계가 '자율'로 움직일 수 있는 세상이 올 수도 있다. 자율주행의 끝은 기계가 인간을 지배하는 세상이라고 말하는 미래학자도 있다. 자동차 또한 방대한 주행 데이터를 스스로 분석해 활용하는 '머신 러닝(Machine Learning)'이 시작됐으니 말이다.

포드의 구글 선택이 역사적 필연이었음을 아는 사람은 많지 않다. 초창기 포드 자동차의 창업자 헨리 포드가 역사에서 주목을 받은 이유는 바로 '혁신'이다. 그는 소수 부유층의 상징이었던 자동차를 누구나 구입해 탈 수 있도록 대중화를 시작한 인물이다. 특히 컨베이어 벨트를 이용한 조립 라인은 2분에 1대가 생산될 만큼 자동차 산업의 근간을 바꾼 획기적인 일로 평가되고 있다.

자동차의 대량생산을
촉발한 미국의
포드 자동차

이후 수많은 자동차 회사가 등장하고, 대량생산 방식이 일반화되면서 포드 또한 경쟁에 말려들었다. 만들기만 하면 팔리던 산업화 시대가 끝나고 무한 경쟁의 시대에 접어들었는데, 포드는 이 시장에서 더는 앞서가지 못했다. 그 결과 2005년 자동차 생산 681만 대로 글로벌 3위였던 순위가 2015년 663만 대에 그쳐 6위로 주저앉았다. 물론 경쟁자보다 뛰어난 제품력을 보여 주지 못한 탓이 가장 큰 이유로 꼽힌다.

그러자 포드는 절치부심했다. 헨리 포드처럼 시장 선점이 가능한 방법 찾기에 골몰했고, 혁신의 결과물로 'IT'를 주목했다. 자동차와 IT를 가장 빠르게 접목하여 창업자 헨리 포드가 이뤄낸 대량생산과 같은 패러다임 전환을 선언했다. 헨리 포드가 생산의 패러다임을 바꾸었다면 지금은 제품의 패러다임을 바꾼다는 의미다.

그 중심에는 마크 필즈(Mark Fields) 사장이 있었다. IBM 출신인 마크 필즈 CEO는 1989년 포드로 자리를 옮겨 산하 여러 브랜드를 두루 섭렵한 뒤, 2015년 5월 포드 CEO에 올랐다. 이후 IT 출신 인재를 활발하게 영입하고, 자동차를 IT 제품의 연장으로 활용하겠다는 복안도 발표했다. 포드가 구글의 손을 굳게 잡은 것 역시 이 패러다임을 바꾸겠다는 의지의 표현이다.

2016년 스페인 바르셀로나에서 열린 모바일 월드 콩그레스(MWC)에서 포드의 행보는 확고했다. 음성 명령이 가능한 인포테인먼트 시스템 싱크 3를 선보이는가 하면, 자동 결제 시스템 '포드패스(FordPass)'도 공개했다. 나아가 결제 시스템을 활용해 독일에서는 카 셰어링 사업에 진출한다는 방침도 밝혔다. 또한 주차장 이용도 손쉽게 결제되도록 했다. 한마디로 자율주행을 '혁신'의 주제로 삼아 다시 도약하겠다는 각오를 다지는 중이다.

이러한 포드의 행보는 빠르다. 자율주행 분야의 투자 규모를 그 어느 기업보다 크게 늘려가는 중이고, 스스로 운전이 가능한 높은 수준의 자율주행 차 제품을 가장 많이 보유하겠다는 계획도 밝혔다. 자동차 기업 중 최초로 빙판길에서도 주행 가능한 자율주행 기술을 선보인 것도 IT 혁신의 일환이다.

포드사의
2016 포커스 디젤

그래서일까? 메르세데스 벤츠와 토요타, BMW, 아우디, GM 등 쟁쟁한 자동차 회사도 자율주행 차 개발에 적극적이지만, 그중에서도 포드의 활약은 유난히 돋보인다. 포드는 전통적인 모터쇼뿐 아니라 IT 박람회가 열리는 곳이라면 어디든 찾아가 자율주행 차 기술을 뽐낸다.

이런 현상은 비단 포드와 구글의 사례에서 그치지 않는다. 자동차가 기계에서 IT 기기로 빠르게 이동하면서 이제는 단순한 기계제품이 아니라 스마트폰, 소셜 네트워크 서비스(SNS), 위치 기반 서비스(LBS) 등과 같은 각종 첨단 장치가 결합한 '커넥티드 카(Connected Car)' 또는 '스마트카(Smart Car)'로 도약 중이기 때문이다.

최근 **자동차 IT의 흐름은 네트워크의 삽입**이다. 안전한 주행 정보 제공을 위해 3G, 3.5G(LTE) 등이 속속 포함된다. '아틀라스(Atlas)'에 따르면 네트워크 자동차는 2015년 1억 대에서 2020년이면 대부분의 신차로 확대된다. ABI 리서치도 스마트 자동차가 2011년 4,500만 대에서 2020년 3억 대까지 불어날 것으로 예상했다.

물론 미래를 대비하는 자동차 회사의 노력도 숨가쁘다.

자동차의
네트워크 삽입

BMW는 AT&T, 구글과 제휴해 기존 'BMW 어시스트'에서 나아가 온라인, 트래킹 및 텔레서비스를 모두 갖춘 커뮤니케이션 플랫폼 '커넥티드 드라이브(Connected Drive)'를 소개했다.

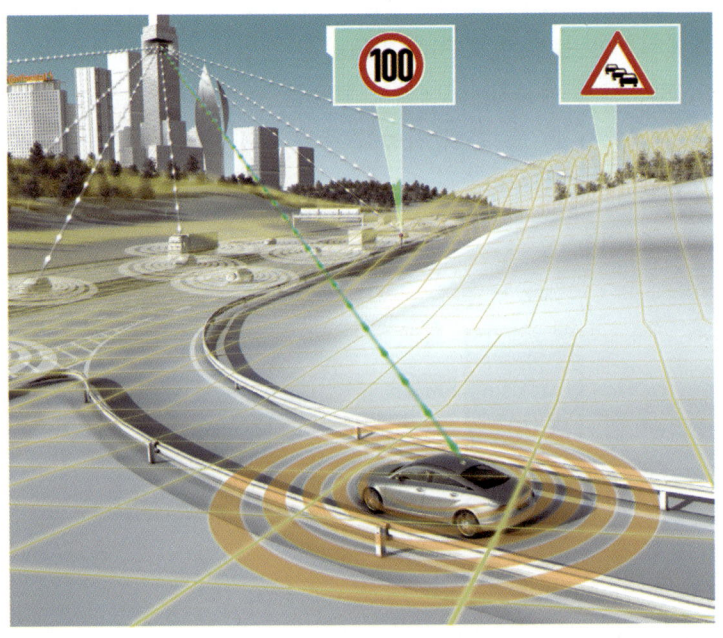

커넥티드 드라이브
(Connected Drive)

포드는 구글 외에도 MS와 손잡고 텔레매틱스 플랫폼 '싱크(SYNC)'를 제공 중이다. 자동차 주행 상태와 스마트폰을 이용한 내비게이션 활용이 가능하고, 싱크 앱링크(Sync AppLink)를 이용하면 트위터(Twitter)에 올라온 글을 자동차 안에서 확인할 수도 있다.

토요타는 '림(RIM)'의 QNX OS를 채용해 안드로이드 폰, 아이폰, 윈도 폰 등과 호환되는 '엔튠(Entune)'을 자동차에 연결, 엔터테인먼트와 내비게이션 등의 음성 인식을 지원하는 중이며,

GM도 자회사 '온스타(OnStar)'를 통해 스마트폰과의 호환성을 강화하는 중이다. 메르세데스 벤츠 역시 도이치 텔레콤과 함께 통합 기능인 '커맨드'를 제공 중이다.

국내 회사도 IT 접목에 팔을 걷고 나섰다. 현대차는 자체 텔레매틱스인 '블루 링크(Blue Link)'를 개발해 음성 검색은 물론 SNS와 문자 메시지, 이메일도 활용할 수 있도록 만들었다. 이후 가정에서 PC를 통해 자동차 주행 상황 확인이 가능하도록 향상한다는 방침이다.

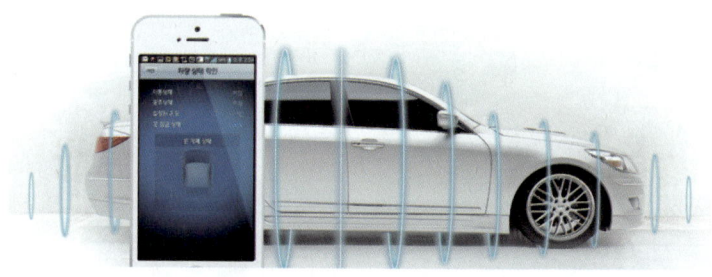

블루 링크 기능이
탑재된 현대차

기아차는 MS와 결합한 '유보(UVO)'를 운용 중이다. 음성 인식 인포테인먼트 시스템으로, 다양한 서비스를 제공하며, 각종 스마트 기기와 연결도 쉽다. SK텔레콤과는 실시간 원격 진단 및 제어까지 갖춘 K5 전용 애플리케이션을 확보하기도 했다. 그 밖에 르노삼성차도 SK텔레콤과 함께 스마트폰 제어 기능인 'MIV'와 '티맵(Tmap)'을 얻을 수 있는 'P2C'를 운영 중이다.

이와 같은 애플리케이션의 연동을 위해서는 시스템에 적합한 운영 체제의 발전이 반드시 전제되어야 한다. 결국 네트워크 및 전자 기기 소프트웨어 전쟁이 발생할 수밖에 없다는 얘기다. 그래서 요즘 자동차 회사의 신규 개발 인력 수요는 기계보다 '전기 전장'에 치중되어 있다. IT를 이해하지 않고는 자동차를 만들 수 없는 시대가 되었기 때문이다. 100년간 지속한 기계 중심의 자동차 산업이 IT에 기반한 네트워크 자동차로 바뀌는 시간은 그리 오래 걸리지 않을 것 같다.

유보를 운용 중인 기아차

# 지능의 IT로
# 지혜를 담다!

"모든 외부 사물 기기를 BMW에 연결하겠다. 우리는 이것을 디지털리즘(Digitalism)이라 부른다." 2016 BMW 이노베이션에 참여한 BMW 디지털 서비스 부문 디터 메이 수석 부사장의 말이다. BMW를 중심으로 다양한 사물을 연결해 운전자에게 최적화된 서비스를 제공하겠다는 얘기다.

BMW의
스마트 커넥티드

BMW의 기본적인 커넥티드(Connected) 전략은 크게 3가지로 압축된다. 먼저 자동차 바깥에서 다른 기기를 통해 차와 연결하는 것이다. 스마트폰은 기본이고, 자동차 회사로는 최초로 음성 인식 인공지능 디바이스로 알려진 아마존 에코를 연결했다. 독일 뮌헨에서 열린 2016 BMW 이노베이션 행사에서 톰 브레너 디지털 서비스 부사장은 실제 아마존 에코에 음성을 인식시켜 7 시리즈의 주행 가능 거리 등을 귀로 듣는 장면을 보여 주기도 했다. 에코에 음성으로 물어보면 기본 정보 외에 연결된 자동차 상태까지 파악할 수 있다. 두 번째는 주행 중에 제공되는 디지털 서비스다. 교통 상황 및 경로를 인식해 자율주행을 하거나 최단 이동 거리를 알려주는 게 대표적이다. 세 번째는 주행 후 축적되는 사용자 경험 정보다. 운전자가 자주 찾는 장소, 또는 이동 경로를 머신 러닝(Machine Learning) 기법으로 학습하는 시스템이다.

이처럼 **BMW가 디지털화에 주목**하는 이유는 프리미엄 제품 소비자 가운데 상당수가 디지털에 이미 매료되어 있기 때문이다. 매킨지에 따르면 프리미엄 자동차 보유자의 37%가 디지털 제품의 기능이 떨어지면 바꾸겠다는 응답을 내놨다. 소비자가 과거에는 엔진이나 효율 등에 주목했다면, 이제는 프리미엄 제품일수록 디지털 기능이 많이 담겨야 가치를 부여한다.

BMW는 스마트폰과 자동차를 단순히 연결하는 데 그치지 않고 서로 하나가 되도록 준비했다. 스마트폰에 일정을 입력하면 해당 정보가 자동차까지 전달되고, 이 경우 교통 정보를 읽어 거리와 시간의 정확성을 높여 준다. 이와 관련하여 랜디 카바이아니 BMW 제휴 및 제품 마케팅 이사는 "BMW는 모빌리티 클라우드를 활용해 충전 장소, 주차 공간 등을 손쉽게 알려주고, 6주에 한 번씩 자동차 스스로 연결된 정보를 받아들여 진화한다."며 업데이트에는 비용이 들지 않는다고 설명했다.

디터 메이 수석 부사장은 BMW 전체의 디지털 전환 전략에 대해서도 언급했다. 자동차 개발 과정이 직선의 연결이라면 디지털 전략은 원형으로 상징되는 민첩성이고, 소비자 중심의 생활 패턴에 재빠르게 대응, IT와 연결하는 것이 중요하다고 덧붙였다. 더불어 완벽한 정보 연결성을 위해 소프트웨어와 인공지능에 많은 투자가 필요한 이유는 미래의 IT는 지금과 전혀 다른 역할을 하기 때문이라고 전했다.

BMW는 연결성 확대를 위해 모든 차종의 애플리케이션을 하나로 통합했다. 이를 통해 자동차와 개인, 그리고 외부 정보를 동시에 결합해 정보 이용의 효율을 높이려는 의도다. 톰 브레너 부사장은 "약속 시각에 늦을 때 차에 입력된 메시지를 스마트폰에 저장된 상대방에게 보낼 수도 있다."며 "모든 디바이스를 자동차와 연결하는 것이 진정한 커넥티드의 완성"이라고 강조했다.

BMW의 디지털화, 뉴 7 시리즈 제스처 컨트롤

이처럼 글로벌 완성차 업체들의 자율주행 기술 경쟁이 격화된 결과 스스로 생각하고 학습하는 완전 자율주행 자동차의 등장이 오는 2020년 정도면 실생활에 활용될 전망이다.

르노-닛산 얼라이언스에 따르면 양사는 기술 협력을 통해 오는 2020년까지 자율주행 차를 내놓기로 했다.

닛산은 첫걸음으로 2016년 도쿄 모터쇼에 EV 리프 기반의 콘셉트 카 해치백 'IDS'를 공개했다. 또 2020년까지 3단계에 걸쳐 자율주행 기술을 확대키로 했다. 더불어 2017년 말부터 일본에서 고속도로 정체 구간 자율주행 기술인 '파일럿 드라이브 1.0'을 내놓을 방침이다. 고속도로 자동 차선 변경 기술인 '파일럿 드라이브 2.0'과 도심 교차로 자율주행 기술인 '파일럿 드라이브 3.0'은 각각 2018년과 2020년에 적용하기로 하였다.

르노도 닛산과 마찬가지로 3단계에 걸쳐 자율주행 기술을 추진할 계획이다. 이미 닛산과의 파트너십을 통해 지난 2013년부터 자율주행 기술을 개발해 왔는데, 2014년 EV '조이' 기반의 프로토타입 '넥스트 투'를 공개한 바 있다. 이와 관련하여 카를로스 곤 르노-닛산 얼라이언스 회장은 "2016년 정체 구간 자율주행, 2018년 고속도로 자율주행, 2020년 도심 자율주행이 가능한 르노차를 출시한다."는 계획을 발표하기도 했다.

토요타는 한발 더 나아가 자율주행에 미래를 걸기로 했다. 특히 토요타는 자율주행 차와 인공지능 기술 개발을 전담하는 연구회사를 미국 내에서 운영한다. 이를 위해 향후 5년간 최소 10억 달러를 투자하기로 했다. 또 내년 1월부터 미국에서 토요타 리서치 인스티튜트를 운영, 자율주행 차 관련 기술뿐 아니라 첨단 자동차 재료, 가정 및 산업용 로봇 개발을 병행하기로 하였다.

자율주행 기술 개발에는 유럽과 미국 자동차 기업도 적극적이다. 아우디는 서킷에서 사람보다 운전이 빠른 자율주행 차를 시연, 향후 5년 이내에 시판하겠다는 로드맵을 공개했고, GM은 슈퍼 크루즈 기능을 활용 중이다. 슈퍼 크루즈는 국도에서는 수동으로 운전하지만 고속도로 같은 특정 요건이 갖춰지면 스스로 주행하는 반자동 자율주행 장치를 의미한다.

현대자동차도 예외는 아니다. 현대차는 플래그십 세단 EQ 900에 고속도로 주행 지원 시스템을 적용했다. 운전 중 졸음 등 부주의에도 정해진 차선을 일정한 속도로 주행, 안전하게 목적지까지 도달하는 기능이다. 내비게이션과 연동하여 구간별 자동차 속도도 조절할 수 있다.

EQ 900

완성차 업체들이 자율주행 차 개발에 적극적으로 나서는 이유는 IT 기업들의 자율주행 차 시장 진출에 대응하기 위해서란 게 업계 분석이다. 실제 토요타는 자율주행 기술의 자체 개발로 구글 등 IT 업체와 경쟁하겠다는 의지를 나타내고 있다. 구글이 최근 '머신 러닝'으로 불리는 인공지능 개발에 매진하는 걸 경계하고 애플, 우버 등의 자동차 시장 진입에도 대비한다는 전략이다.

미국 도로교통안전국(NHTSA)은 자율주행 차를 크게 레벨 1~4단계로 구분하고 있다. 레벨 1은 기본적인 운전 지원 시스템이고, 레벨 2는 2종 이상의 운전 지원 기능을 갖춘 차다. 레벨 3는 주차장이나 특정 조건에서 자동 운전하는 시스템, 레벨 4는 사람이 운전할 필요가 없는 차를 의미한다. 이 기준에 따라 일본 야노 경제 연구소는 2018년이면 레벨 3를 실용화하여 2020년이면 14만 대, 2025년 360만 대, 2030년에는 980만 대가 이 시스템을 적용할 것으로 전망했다. 또 레벨 4는 2030년 이후 급속히 확대할 것으로 내다봤다.

그렇다 보니 벌써 시장에 대비하려는 움직임이 있다. GM과 산하 자율주행 연구소인 크루즈 오토메이션은 최근 미국 쉐보레 볼트(BOLT) EV 자율주행 차로 일반 도로 시험을 진행 중이다. 전기 동력에 자율주행 기능을 넣어 완벽한 지능 주행을 실현하겠다는 것이다. 케빈 캘리 GM 홍보 담당은 "샌프란시스코와 애리조나 외에 또 다른 도시에서도 시험을 계속할 것"이라며 "아직 세 번째 도시는 정해지지 않았다."고 발표했다.

물론 아직 자율주행 차 시험이라도 만약의 상황을 대비해 사람이 탑승, 안전을 대비하고 있다. 캘리 홍보 담당은 "얼마나 많은 수의 볼트가 시험에 운영되는지 밝힐 수는 없지만, 사람이 탑승해 자율주행 시스템의 오류 가능성을 대비한다."고 덧붙였다. 하지만 GM의 자율주행 차 전략은 최근 속도가 빨라지고 있다. 미국 내 승차 공유 서비스 업체인 리프트와 손잡고 순수 전기차 볼트를 활용한 '자율주행 택시' 사업도 준비하고 있다. 이것은 소비자가 스마트폰으로 차를 호출하면 운전자 없이 스스로 승객을 찾아가 태우고 이동하는 시스템이다. 이를 위해 GM은 EV 볼트에 고용량 배터리를 넣어 주행 거리를 300km 이상으로 늘이는 등 시장 지배력 강화를 위한 행보에 나섰다. 전통적인 내연 기관 사업으로 벌어들인 수익으로 EV 및 자율주행 시장을 개척해, 테슬라처럼 수익이 없는 EV 사업자를 단숨에 압도한다는 계획이다.

또한 GM의 이와 같은 행보는 전통적인 자동차 제조와 서비스, IT를 동시에 지배하겠다는 전략이다. 자동차 사업의 본질은 제조이고, 만든 제품은 어딘가에 공급해야 한다는 점에서 공유 서비스를 새로운 공급처로 삼은 셈이다. 여기에 IT 기업을 인수해 인공지능을 넣으면, 구글이나 애플 등의 자동차 사업 진입을 원천 차단할 수 있다는 판단도 작용했다.

BMW도 예외는 아닌데, 연구 개발 부문 이사 클라우스 프뢰리히는 최근 언론과의 인터뷰에서 'i'를 친환경차에서 자율주행 기술 개발을 대표하는 브랜드로 키울 것임을 시사했다. 프뢰리히는 i 부문의 조직 개편을 최근 완료하였고, BMW는 인공지능 분야의 전문 인력을 고용하였으며, 오토매틱 크루즈 컨트롤과 긴급 제동, 차선 이탈 방지 등 자율주행과 관련한 주요 안전 시스템 부문을 통합 중이라고 설명하였다.

'i'는 지난 2011년 BMW 그룹이 지속 가능한 모빌리티 솔루션에 중점을 둔 서브 브랜드다. 2013년에는 전기차 i3와 플러그인 하이브리드 카 i8를 출시하면서 그룹의 친환경 기술을 대표하는 브랜드로 육성했다. 프뢰리히는 완전 자율주행 기술을 공개할 정확한 시기에 대해서는 말을 아꼈지만, 자율주행 차를 처음 선보

BMW i8

일 시장은 중국이 될 것이라고 언급했다. 그는 "중국은 가장 빠르게 기술을 구현하는 국가로 2015년 기준으로 어느 글로벌 시장을 합친 것보다 더 많은 전기차가 중국에서 팔렸다."고 말했다.

BMW는 2016년 3월 창립 100주년 기념행사에서 그룹의 미래가 커넥티비티로 대표되는 자율주행 부문에 있음을 강조했다. 크루거 회장은 "2030년 이후의 미래 이동성에 있어 커넥티비티는 빼놓을 수 없는 필수적인 요소가 됐다."며 "데이터를 인공지능으로 전환해 미래의 자동차가 인간이 원하는 바를 먼저 예상하고 개인에 최적화된 환경을 제공해 줄 수 있도록 할 것"이라고 말했다. 이 자리에서 인공지능 콘셉트 카 'BMW 비전 넥스트 100'을 공개하기도 했다.

BMW 비전 넥스트 100

BMW는 추후 자율주행 기술을 접목할 '공유' 서비스에도 투자를 아끼지 않고 있다. 최근 미국 샌프란시스코에 기반을 둔 모바일 카풀 회사 스쿠프(Scoop)에 투자한 데 이어 인도의 차량 공유 서비스 섬몬(Summon)에도 투자를 결정했다.

프뢰리히는 "승차 공유 서비스는 자율주행의 일부가 될 것이고, 이는 완성차 회사가 운전자에게 의존하는 전통적인 공유 서비스를 넘어 경쟁 우위를 줄 수 있을 것"이라고 말했다.

그렇다면 대체 **미래 자율주행 차 시장**이 얼마나 되길래 기업마다 앞다퉈 경쟁에 참여하려는 걸까? 미국 자동차 시장 조사 기관 IHS의 '**오토모티브 보고서**'에 따르면 자율주행 차는 오는 2025년까지 60만 대가 시판된 후 10년 동안 연간 43% 성장하며, 2035년에는 2,100만 대에 이를 전망이다. 지역별로는 미국이 규제 장벽을 가장 먼저 극복해 자율주행 차를 확산시킬 것으로 내다봤다. 2020년 수천 대를 시작으로 2035년에 450만 대가 도로를 달릴 것으로 예상했다. 중국은 가장 많은 570만 대, 서유럽 지역은 120만 대 정도로 예측했다.

| 주요 지역 | 미국 | 중국 | 서유럽 |
|---|---|---|---|
| 2035년 예상 자율주행 차 | 450만 대 | 570만 대 | 120만 대 |

우리나라도 정부가 자율주행 차 육성에 본격적으로 나섰다. 산업통상자원부는 2017년부터 1,455억 원을 투입하는 '자율주행 차 핵심 기술 개발 사업'을 통해 자동 주행 기록 장치 등 8대 핵심 부품 및 시스템 개발을 지원할 것이라고 밝힌 바 있다. 한마디로 자율주행이 가져올 미래 산업의 주도권을 놓지 않기 위해 자동차 회사와 IT 기업의 전쟁이 시작된 셈이다.

이런 상황에서 실리콘밸리의 거침없는 도전도 주목할 만하다. 앞으로 실리콘밸리가 디트로이트 자동차 산업에 위협이 될 것이다. "이미 그렇게 가고 있다."는 미국 서부 실리콘밸리에서 만난 자동차 부문 스타트업 관계자의 말은 많은 의미를 내포하고 있다. 이동수단 개념을 완전히 바꿔 놓은 구글 웨이모가 자율주행에 대한 사람들의 오랜 꿈을 현실에 밀착시킨 사례라면 테슬라를 비롯한 배터리 전기차의 발전 속도는 예상보다 빠르게 전개되고 있어서다.

실제 실리콘밸리의 자동차 도전은 적극적이다. 지난해 방문한 구글 본사 옆 컴퓨터 역사박물관에는 자동차를 내연 기관에 의존하지 않는 지능형 디바이스로 분류하고, 별도 공간을 만들었을 정도다.

구글 웨이모를 비롯한 다양한 컴퓨터 회사의 자율주행 노력을 소개한 공간에는 이미 90년 전 자율주행 차의 등장을 예언한(?) 미국의 공상과학자 데이비드 헨리 켈러(1880~1966)가 공상과학 매거진 '원더 스토리'에 남긴 1935년의 글이 적혀 있다. 미래 시점을 전제로 쓴 글은 놀라울 만큼 현재를 정확히 꿰뚫고 있다.

"나이 든 사람들은 아메리카 대륙을 횡단할 때 그들의 자동차를 이용했다. 그러나 젊은 사람들은 운전자가 없는 차에 애완견이 타고 이동하는 모습을 보며 놀랐고, 시각장애인도 불편이 없었다. 부모들은 운전자가 있는 낡은 차보다 새로운 (자율주행) 차로 아이들을 학교에 안전하게 보낼 수 있었다."

이런 시작을 알리듯이 박물관 한 곳에는 컴퓨터가 자동차에 들어간 첫 사례도 소개했다. 바로 1978년 벤츠가 내놓은 전자식 ABS다. 지금은 거의 모든 차종에 장착하는 '바퀴 잠김 방지 (Anti-lock Brake System)'를 적용한 이후 자동차 전장화가 거침없이 진행됐는데, 가만히 보고 있으면 마치 '컴퓨터 없는 자동차'는 앞으로 상상조차 하지 말라는 의미로 다가오기도 했다.

그래서일까. 컴퓨터의 발전을 끌어낸 인텔이나 애플, IBM 등의 선두주자는 이제 모두 자동차 산업에 뛰어들고 있다. 이들이 만든 모바일 디바이스와 자동차를 연결하는 데 그치지 않고, 자동차를 지배하려는 움직임마저 보인다는 게 박물관 관계자의 설명이다. 박물관 옆 구글 본사에 주차한 여러 대의 기아자동차 쏘울에 안드로이드 표시를 붙인 것도 달리 해석하면 지배 움직임의 하나인 셈이다. 이른바 개방형 AVN을 위해 구글 안드로이드 시스템을 채택했기 때문이다.

 IT 기업의 자동차 지배 욕심(?)은 여기서 그치지 않고 에너지로 향해 있기도 하다. 150년 이상 지속한 내연 기관의 화석연료를 대신해 전기를 동력원 삼아 모터로 구동시키는 행위에 거침이 없는 것. 특히 실리콘밸리 곳곳에 마련한 테슬라의 슈퍼차지 충전 인프라는 앞으로 수송 부문의 미래 에너지 전환 가능성을 보여주며 새로운 도전자의 등장을 예고하는 듯했다.

 때마침 국내에 'V2G(Vehicle to Grid)'를 개발했다는 소식이 더해지면서 '탈것'의 개념 자체가 바뀔 것이란 전망에 힘이 실렸다. 특히 V2G는 전기차 배터리를 움직이는 전지로 활용해 전기가 필요한 다양한 디바이스에 24시간 어느 때나 공급하는 것으로, 추가 발전소 건립을 줄이는 수단으로 각광받고 있다. 전기차 증가에 따른 전력 수요 확대를 적절한 배분으로 극복하자는 움직임이다.

 이런 일련의 모든 것들이 이미 실리콘밸리에선 현재 진행형이고, 현실에 적극적으로 반영되고 있다. 이곳에서 만난 스타트업 A사의 한국인 프로그래머 L 씨는 "실리콘밸리는 상상을 현실로 만드는 곳"이라며 "그 중심에는 컴퓨터가 있다."고 말한다. 컴퓨터의 진화는 곧 자동차의 진화이고, 이 말에는 자동차를 기계로 보면 볼수록 미래에 뒤진다는 뜻도 담겨 있다. 미국 제조업을 일으켰던 디트로이트의 자동차 회사들이 최근 실리콘밸리의 여러 스타트업을 주목할 수밖에 없는 배경이다.

*** 구글
- 현재 자율주행 부분에서 가장 앞선 기술력을 보유
- 최근 디트로이트 인근에 기술개발센터 건립을 발표
- FCA와 파트너십을 맺고 크라이슬러 퍼시피카 하이브리드 기반의 자율주행 실험 차를 제작하기로 함

*** 우버
- 현재 글로벌 최대 차량 공유 기업
- 피츠버그에서 자율주행 테스트

### 우리나라의 비전

프랑스 경제재정부와 한국 산업통상자원부는 2016.10.26. 서울에서 열린 '제3차 한불 신산업 기술 협력 포럼'을 개최하였다. 이 포럼에서 미래 유망 신산업인 자율주행 차 시장에 공동 진출하기 위해 저속 정체 구간 자율주행 기술(TJA)을 공동 개발하기로 합의하였다.

이 공동 개발 사업에 우리나라에서는 한양대학교, 르노삼성, 엘지, 자동차부품연구원이 참여하고, 프랑스에서는 르노, 발레오, 국립정보통신대학교(ENST)가 참여한다. 양국 정부는 3년간 총 30억 원을 지원하여 르노차에 탑재 가능한 자율주행 시스템을 공동 개발한다는 계획이다.

# 누가 운전할 것인가?

 2015년 미국 도로교통안전국(NHTSA)이 구글의 자율주행 차를 하나의 운전자로 간주할 수 있다는 입장을 밝혔다. 협회는 구글이 해당 내용을 질의하자 공식 답변을 통해 "자율주행 차는 그 자체가 하나의 운전자로 여겨질 수 있으며, 인간 운전자와 동일 선상으로 봐야 한다."는 해석을 내놨고, 미국 내에선 자율주행 차가 도로를 누빌 날이 머지않았다는 보도가 이어졌다.

 반면, 같은 시기 캘리포니아주는 자율주행 차의 운행 조건으로 "면허를 소지한 운전자가 있어야 하고, 필요한 경우(사고 방지를 위해) 인간 운전자가 스티어링 휠을 조작해야 한다."고 명시한 바 있다. 이를 근거로 제동 페달 등이 있어야 한다는 점도 덧붙였다. 자동차 스스로 운전을 해도 100% 완벽하지 못한 만큼 사람의 필요성을 법률의 기초 개념에 담은 셈이다.

 결론적으로 NHTSA의 해석은 캘리포니아의 자율주행 법률 초안을 반박하는 형국이어서 미국 내에서도 여전히 논란이 뜨겁다.

자율주행 차에서 '**운전자**' 개념이 중요한 이유는 단 하나, **사고 책임** 때문이다. 사람이 탑승하지 않은 인공지능 자동차가 스스로 운전 명령을 수행하다 사고가 나면, 그 책임이 누구에게 있느냐는 얘기다. 해당 제품을 구매한 사람은 운전 명령만 내렸을 뿐 직접 운전하지 않았기에 책임에서 한발 벗어나 있고, 제품을 판매한 제조사는 정부의 규정에 따라 자율주행 차만 판매했다는 점에서 완벽하게 책임 소지가 있는 것이 아니기 때문이다.

여기서 논란은 제조사 책임인 경우다. 제조사 책임이 무거우면 자율주행 차의 등장은 더뎌질 수밖에 없다. 미국 라스베이거스에서 열린 2016 CES에 참가한 대부분의 자동차 회사 관계자도 '제조사 책임'이 높아지면 자율주행 차의 현실적인 등장이 쉽지 않다는 입장이다. 더불어 같은 행사에 참여한 IT 회사도 제조사 책임은 곧 인공지능을 만든 IT 기업의 책임이 될 수 있어 조심스럽다는 반응이다.

현재도 전자 장치의 고장은 흔히 일어난다. 그럼에도 제조사가 완전한 책임에서 벗어날 수 있는 것은 인간 운전자가 탑승했기 때문이다. 이로 인해 국내법에도 사고의 책임에 대해서 '자동차가 누구를 위해 운행됐느냐?'를 기준으로 삼는다. 그렇게 본다면 자율주행 차의 사고는 인공지능과 사람의 운전 여부가 아니라, 운행에 따른 이익을 보는 사람이 질 수 있다. 하지만 이 경우 또한 공동의 이익으로 운행될 때, 또는 공공의 이익을 위해 운행될 때의 책임 소재가 불분명하여 여전히 논란의 소지가 남는다.

현재 벌어지는 자율주행 차의 법적 논란에 대해 전문가들은 전혀 성격이 다른 학문의 갈등 구도로 보기도 한다. 바로 '과학(기술)과 법'의 갈등으로, 미국 하버드 대학 케네디 스쿨의 쉴라

재서너프(Sheila Jasanoff) 교수는 〈법정에 선 과학(Science at the Bar)〉을 통해 다음과 같은 화두를 던지고 있다.

**'과학 = 진실, 법 = 정의?' 또는 '과학 = 진보, 법 = 절차?'**

한마디로 앞서가려는 과학 기술이 법에 따라 제약받기도 하지만, 반대로 법이 과학 기술의 방향성을 제시하기도 한다는 의미다. 그는 과학과 법이 얼핏 분리된 것처럼 보이지만, 결코 그렇지 않다는 입장이다.

국내에서도 자율주행 차와 관련한 법적 토론이 필요하다는 목소리가 높아지고 있다. 정부가 자율주행 차 산업을 이끌기 위해 '기업 얼라이언스'를 구성하고, 국가 미래를 위한 13대 산업 엔진 프로젝트에 자율주행 차를 넣는 등 기술 장려에는 적극적이지만, 정작 미국에서처럼 활발한 법적 논의는 부족하다. 이후 2016년 4월 한국자동차미래연구소(소장 박재용) 주최로 정부와 산학 관계자들이 자율주행 차를 둘러싼 법률과 제도를 진단하고, 향후 합리적인 관련 법규 제정 방안을 논의하였다. 그러나 책임이 무거운 만큼 결론은 내지 못하였다.

과학은 늘 새로운 것을 추구하지만 법은 새로움보다 기존 사회 구조 속에서 통념을 찾아가려 하는 경향이 짙다. 따라서 기본적으로 과학과 법의 대립은 불가피하지만, 사회가 발전하려면 과학과 법의 융합 또한 필요하다. 우리나라가 자율주행 차 시장에서 앞서기 위해서는 법적 논의가 절실하다는 뜻이다.

하지만 문제 해결에 도전하려는 노력은 여전히 시도 중이다. 토요타는 '트랜스포머 모빌리티(Transformer Mobility)'라는 자동차 변신 로봇 개발을 위해 다양한 전문가를 영입하였다.

2016년 1월, 미국 라스베이거스 만달레이 컨벤션에서 열린 '2016 CES 토요타 콘퍼런스'에서 길 프라트 사장은 "미래 사회는 용도에 따라 변신할 수 있고, 스스로 생각하는 이동수단이 지배할 것"이라며 "일명 트랜스포머 모빌리티가 세상을 바꾸게 될 것"이라고 강조했다. 이를 위해 미국에 10억 달러를 투자, TRI를 설립하였다. TRI(Toyota Research Institute)는 스탠퍼드 및 MIT와 협업하여 인공지능과 소재 개발에 나선다.

트랜스포머
모빌리티

여기에서 주목할 것은 핵심 인력으로, 구글이 자동차 산업 인력을 영입한 것과 달리, TRI는 대부분 IT 및 컴퓨터, 로봇 분야 출신으로 구성되었다. 이들 IT 전문가들의 역할은 토요타가 제시한 미래 4가지 방향성을 구축하도록 돕는 일이다.

1. 사고의 원천 방지
2. 모든 사람의 운전자화
3. 특정 영역 내 새로운 이동수단의 개발
4. 소재 과학

이와 관련하여 밥 카터 토요타 부사장은 "과거 100년의 자동차가 기능에 집중됐다면 앞으로는 운전자와 자동차의 친밀도를 누가 더 많이 높이느냐가 관건"이라며 "자동차를 하나의 커뮤니케이터로 보고 운전자와 교감을 정교하게 확보하는 게 중요하다."고 덧붙였다.

토요타는 **수소 동력 개발**에도 적극적이다. IT의 발전으로 전통적 개념의 자동차를 포함해 누구나 이동수단을 쉽게 만드는 시대가 오면 자동차의 경쟁력이 떨어질 수밖에 없기 때문이다. 이 경우 움직이는 모든 것에 필요한 에너지를 보유한 곳이 세상을 주도한다고 판단, 오래전부터 수소 활용 방안을 찾아왔다. 밥 카터 부사장은 "2015년 기준으로 글로벌 시장에서 수소차 5,600여 대를 판매하며 첫걸음을 옮겼다."며 "수소는 얻을 수 있는 곳이 많고, 지속 가능한 에너지라는 사실을 알아야 한다."고 언급하였다.

한편 아우디는 향후 전기차 및 자율주행, 디지털 서비스 부문에 더욱 초점을 맞출 계획이다. 우선 오는 2020년까지 신형 전기차 3종을 출시하고, 2025년까지 전기차 판매 비율을 전체의 25~30%까지 끌어올린다는 방침을 밝힌 바 있다. 3종의 전기차에는 'e-트론 콰트로' 기반의 전기 SUV뿐 아니라 A 세그먼트 소형차도 포함된다. 또 자회사 'SDS 컴퍼니'를 설립하고 자율주행 차 개발에 더욱 박차를 가하는데, 전 아우디 CEO 루퍼트 스태들러는 한 인터뷰에서 "개발할 자율주행 차는 스티어링 및 페달이 필요 없는 로봇 카로, 정체가 잦은 시내에서 가장 이상적인 이동수단이 될 것"이라고 언급했다. 그는 자율주행 기술 개발의 협업을 위한 벤처기업을 물색 중이라고도 하였다.

아우디는 시장성 없는 제품은 과감히 단종하는 등 기본적인 투자 방향을 전면 바꾼다는 계획이다. 한마디로 내연 기관에서 전기로 동력을 서서히 이동하되 모든 초점을 미래 시장에 대비하는 방향성을 설정한 셈이다. 모기업인 폭스바겐 그룹도 전기차 전용 신규 플랫폼인 MEB(모듈러 일렉트릭 드라이브 키트)를 적용한 6개 차종을 개발 중이며, 그중 4개 제품은 양산 준비에 착수한 것으로 전해지고 있다. 2015년 불거진 디젤 스캔들 극복 차원으로 전기차를 비롯한 친환경 자동차 판매를 오는 2025년까지 100만 대까지 늘리는 만큼 친환경 제품군이 20종까지 확대될 전망이다.

자동차 회사들이 자율주행에 집중하는 배경에는 미래 소비층의 인식 변화가 큰 역할을 하였다. 젊은 소비층일수록 자율주행에 대한 신뢰도가 높았기 때문이다.

〈 미국, 자동차 만족도 조사 기관인 JD 파워의 조사 결과 〉

| 자율주행 기술에 대한 긍정 신뢰도 응답 비율 (전체 100%) | X 세대 | Y 세대 | Z 세대 | 베이비붐 세대 | 베이비붐 이전 세대 |
|---|---|---|---|---|---|
| | 41% | 56% | 55% | 23% | 18% |

| 자율주행 기술에 대한 부정 신뢰도 응답 비율 (전체 100%) | X 세대 | Y 세대 | Z 세대 | 베이비붐 세대 | 베이비붐 이전 세대 |
|---|---|---|---|---|---|
| | 27% | 18% | 11% | 23% | 18% |

JD 파워는 신기술 노출 기간과 경험이 기술에 대한 신뢰도를 향상할 수 있는 만큼 젊은 세대를 확보하기 위해 자동차 회사가 더욱 접근성이 높은 일반 차에 신기술을 적용하는 것이 중요하며, 모든 세대가 사이버 해킹이 자율주행 기술의 가장 심각한 문제라고 응답한 만큼 향후 자율주행 차 기술 개발 중 사고가 발생한다면 신뢰도가 급락할 수 있다고 조언하였다.

# 자동차, 더 이상 인간을 믿지 못하는가

국토교통부와 통계청에 따르면 1979년 국내 자동차 등록 대수는 49만 4,378대였다. 이 당시 자동차 사고로 연간 사망하는 사람은 5,000명이 넘었다. 그 뒤로 자동차 증가와 함께 사망자도 꾸준히 늘어 1988년 자동차 대중화 시기에는 연간 1만 1,563명이 교통사고로 목숨을 잃기도 했다. 하지만 2014년에는 등록 대수가 2,011만 대였음에도 사망자는 5,000명 이하로 내려갔다. 운전자 의식이 높아졌고, 도로 상황이 개선됐으며 자동차에 각종 첨단 안전 장치가 확대된 덕분이다.

이 가운데 사망자 감소를 가장 많이 줄인 요인은 능동적 안전 장치로 불리는 사고 예방 장치의 확대다. 미끄러짐을 방지하는 자세 제어 장치(ESP)와 긴급한 순간에서도 조향이 가능한 바퀴 잠김 방지 장치(ABS)가 대형 교통사고를 줄여 사망을 부상으로 전환했다. 또한 에어백과 안전띠의 발전으로 사고 때 부상을 입는 빈도는 물론 상해율도 낮아졌다.

하지만 첨단 안전 장치의 예방적 확대에도 불구하고 일정 수준 이하로 떨어진 사망자 수는 추가로 줄지 않는 게 문제다. 세계보건기구의 2015년 세계교통안전 보고서에 따르면 해마다 지구 곳곳에서 125만 명이 교통사고로 목숨을 잃는데, 문제는 지난 7년간 사망자 수가 줄지 않았다는 점이다. 중국이나 인도 등 교통 인프라가 열악하되 자동차가 급격히 증가한 나라는 사망자가 늘었지만, 교통 선진국인 서유럽을 비롯해 비교적 경제 소득이 높은 나라는 사망자가 줄었기 때문이다.

여기서 주목할 점은 사망자 감소가 정체를 보이는 서유럽이다. 대표적으로 독일은 1970년 연간 2만 1,000명에 달했던 교통사고 사망자가 최근에는 3,400명 수준으로 떨어졌지만 현재 더 이상 사망자가 줄지 않는다. 후방 카메라 장착과 차선 이탈 방지 등 끊임없이 첨단 안전 장치가 추가되고 있음에도 사망자가 줄지 않는 이유는 운전자 때문인데, 수동 및 능동적 안전장치 확대와 도로 개선, 그리고 안전 인프라 확충에도 사람의 실수로 인한 사고는 막기 어렵다는 의미다.

그래서 과학 기술이 찾아낸 방법은 바로 '자율주행'이다. 구글이 교통 약자를 위한 자율주행 차 '웨이모'를 등장시켰을 때 내건 캐치프레이즈가 '무사고'였고, 엘론 머스크가 테슬라의 오토파일럿을 부각하며 내뱉은 말도 '사람보다 10배 안전하다.'였다. 교통사고 사망자가 없어지려면 '인간'보다 '로봇 지능'에 의한 운전이 필요하다고 말이다.

이런 가운데 최근 한국도 자율주행 차 혼용 시대를 본격 대비하고 나섰다. 자율주행 차와 일반 차가 혼재하는 과도기를 대비하자는 취지다. 이를 통해 연간 4,250명에 이르는 교통사고 사망자를 지금보다 줄이자는 의지의 발현이다.

그런데 자율주행 차가 사람을 대신하려면 다양한 정보를 실시간으로 받아들여야 한다. '전방 2km 공사 중'이라는 글자를 카메라가 인식하는 대신 해당 구간의 도로 정보를 미리 알면 우회하거나 위험 구간을 회피할 수 있어서다. 그래서 자율주행, 다시 말해 지능형 주행의 전제 조건은 연결성(Connectivity)이고, 각 나라와 자동차 제조사, IT 기업들은 서로 연결의 주도권을 갖기 위해 안간힘을 쓰는 형국이다.

그럼에도 한국에서 연결성을 위해 활발하게 IT와 전통적 개념의 자동차 회사가 협업한다는 얘기는 잘 들리지 않는다. 통신망은 5G로 빠르게 전환되는 중이지만 그 안을 활발하게 오가야 할 정보가 별로 없다는 뜻이다. 고속도로는 넓게 뚫어놨는데, 다닐 차가 없는 것이나 마찬가지다. 이를 두고 자동차 회사는 정보의 휴게소가 많아지면 자동차를 투입하겠다는 것이고, 정보 기업은 자동차가 늘어나면 그에 맞춰 정보를 제공하겠다는 식이다. 이른바 '협업'만 15년을 연구한 캘리포니아 대학교 버클리 캠퍼스의 모튼 T. 한센 교수는 과거 협업이 '1+1=2'였다면 지금의 협업은 '1+1=100'을 만드는 것이라며 다름을 서로 받아들이는 것을 용인해야 한다고 조언한다. 다시 말해 연결이 더욱 활발해야 하고, 이 과정에서 주도권 싸움은 뒤로 미루는 게 우선이라는 뜻이다.

# 보호받는 자와
# 보호하는 자

자동차에는 **파트너 보호 개념**이 있다. 일찍이 유럽을 중심으로 상대적인 교통 약자와 충돌할 경우 상대방을 보호해야 한다는 목소리가 높았고, 그 결과로 등장한 것이다. 예를 들어 대형 승용차와 경승용차가 충돌할 때 대형차의 차체 손상이 많아도 경차 운전자의 목숨을 지킬 수 있다면 그렇게 해야 한다는 것이다. 차의 크기와 기타 여러 적극적 안전 장치(Active Safety)에 따라 운전자 보호율은 얼마든지 높일 수 있기 때문이다.

롤스로이스
자동차 엠블럼

대표적인 적용 사례가 뾰족한 엠블럼인데, 어린이를 포함한 보행자의 상해를 줄이기 위해 평면 부착으로 변경되었다. 자동차와 살짝만 부딪쳐도 쉽게 넘어지는 어린아이에게 뾰족한 엠블럼은 매우 치명적인 흉기가 될 수 있었다.

1858년 푸조의
라이언 엠블럼

또한 북미권에서는 스몰 오버랩 시험을 두고 의견이 분분하다. 차 앞부분의 25%만 충돌시켜 안전도를 평가하는 것인데, 고속도로 운행의 안전을 연구하는 보험사 단체 'IIHS'가 2012년 도입한 제도다. 미국 정부의 공식 시험은 아니지만, IIHS는 이에 대해 오랜 기간 연구해 온 단체로 신뢰도가 매우 높다.

그런데 이 시험에서 주목할 점은 파트너 보호 개념이 없다는 사실이다. 스몰 오버랩 평가가 좋을수록 상대적으로 작은 차는 상해 비율이 높아진다. 구조적인 설계 변경 등을 통해 안전도를 보강할 수 있겠지만, 같은 원리에 따라 시험 차보다 더 작은 차, 혹은 바이크나 자전거 등의 상해 비율은 또다시 높아질 수 있기 때문이다.

현재 한국이나 유럽은 스몰 오버랩 충돌 시험을 도입하지 않고 있다. 유럽에서는 오히려 보행자 충돌 안전 시험을 엄격하게 시행하는데, 앞부분으로 보행자를 충격했을 때 피해자가 입을 상해 가능성이 높으면 제조사에 개선을 권고한다. 운전자보다는 파트너를 보호하라는 취지에서다.

국내에서 공식적인 충돌 시험으로 안전도를 평가하는 교통안전공단 자동차성능시험연구소 김규현 박사는 "미국은 파트너 보호 개념보다 운전자 보호 개념을 높게 보는 것이고, 유럽이나 한국은 파트너 보호 개념이 많이 남아 있는 게 차이점"이라고 말한다. 둘 중 어느 게 낫다고 볼 수 없고, 각 나라의 교통사고 유형에 따라 정하는 것이라고 말이다.

그런데 미래의 관점에서 자동차 안전의 개념은 결국 '사람이 자동차에 명령을 내리는 상황에서 운전자를 보호할 것인가, 아니면 보행자를 보호할 것인가?'를 선택하게 할 것이다.

국제 학술지『사이언스(Science)』는 2016년 관련 연구의 결과를 발표한 바 있다. 사람들은 대부분 무인 차가 승객을 희생시켜도 더 많은 보행자를 구해야 한다고 답하지만, 정작 운전석 또는 탑승석에 타고 있는 자신은 그런 차에 타고 싶지 않다는 응답이다. 프랑스, 미국 등 국제 공동 연구진이 2015년 6월부터 11월까지 6차례에 걸쳐 1,928명을 대상으로 조사한 결과는 미래 자율주행 차의 개발 방향을 제시하고 있다. 조사에 참여한 사람들은 대부분 자율주행 차가 최대한 많은 사람의 목숨을 구하도록 설계되어야 한다는 점에는 동의하였다. 또 '자율주행 차가 보행자 10명을 충격할 때 방향을 바꾸면 1명만이 다칠 수 있다.'고 할 때는 대부분 1명을 희생시키는 게 낫다고 응답했다. 하지만 보행자 1명을 구하기 위해 탑승자의 목숨도 1명 잃어야 한다고 가정했을 때는 451명 중 단 23%만이 '그렇다'고 답했다. 탑승자가 안전하지 못한 상황에서 보행자를 겨냥할 때는 판단의 혼돈이 온다는 의미이다.

그러나 정작 해당 탑승자가 자신일 경우에는 상황이 달랐다. 보행자 10명 이상과 탑승자의 목숨을 바꾸어야 할 때 어느 것을 우선으로 지킬 것인지 물어보면 응답자 대부분이 자신의 탑승자를 지키겠다고 답했다. 이 점은 탑승자보다 더 많은 수의 보행자를 보호하도록 차가 설계된다면, 구매할 사람이 별로 없을 것이란 가정에 힘이 실리는 부분이다.

그렇다고 많은 수의 보행자보다 승객을 먼저 보호하는 무인차를 내놓는다면 제조사는 타인의 생명을 경시한다는 책임에서 벗어날 수 없다.

따라서 현재 개발이 진행되는 **자율주행 차는 사고율 0%를 목표**로 한다. 구글 자율주행 차의 경우 최근 6년간 200만 마일(330만km)을 주행하면서 작은 사고 17건을 겪었는데, 대부분 다른 차의 과실로 발생한 점에 주목하고 있다. 다시 말해 사고의 대부분은 자율주행 차가 추돌한 게 아니라, 다른 차가 자율주행 차를 추돌해 발생한 것이다. 이런 이유로 구글에서는 자율주행 시스템을 현재까지 신뢰하고 있다.

이에 반해 자동차 회사들은 전통적인 개념에서 제아무리 인공지능이 똑똑해도 결국 인간이 프로그래밍을 하고, 설계를 하는 만큼 오류는 불가피하다고 맞선다. 더불어 만약의 오류마저 수정·보완하기까지는 아직 시간이 많이 필요하다고 주장한다. IT가 결합한 인공지능 자동차의 시대가 어느 한순간 오는 게 아니라, 시간의 추이에 따라 서서히 진화할 것이고, 여기에는 막대한 투자가 뒤따른다는 점에서 IT 기업이 자동차의 미래권력을 가져간다고 보는 시각은 지나치게 앞선다고 말이다.

누구를 보호하고, 어떤 상황에서 어떤 판단을 내릴 것인지에 대해서는 여전히 의견이 분분하다. 그러나 확실한 것은 보호의 대상이 줄어들고 있다는 점이다. 다시 말해 인공지능을 해당 상황이 발생하지 않도록 설계하면 윤리적 판단의 부담도 줄어들 수 있다. 자동차미래연구소 박재용 소장은 "인공지능의 한계는 분명하지만 흔히 말하는 경험적 사례의 축적이 이뤄지면 자동차 스스로 사고 상황을 예측할 수 있게 되고, 이때는 예측에 따라 사전 차단을 할 수 있게 된다."고 말한다. 사고 장소, 시간, 사례 등을 데이터베이스로 입력해 두거나, 알파고처럼 스스로 학습을 이어가도록 하면 사고율이 높은 장소 또는 교통 상황을 스스로 판단해 위험 요소를 줄이게 되고, 이 경우 사고는 원천 방지된다는 논리다.

분명한 사실은 지능이 똑똑해질수록 사고 가능성은 현저히 줄어든다는 것이다. 그래서 미래 전략가들은 자율주행이 극복하지 못할 분야는 없다고 말한다. 그리고 사고 또한 그 범주에 포함된다.

# 법정 앞에 선 자율주행

　세계 최초의 자동차 관련 규제는 19세기 말 영국이 제정한 '기관차 조례(Locomotive Act)', 일명 '적기 조례(Red Flag)'로 알려져 있다. 이후 각 나라에 관련 법과 규제가 등장했고, 여기에 맞춰 자동차도 개발되어 왔다. 물론 절대적인 전제는 바로 사람이었다. 운전자와 보행자까지 보호하는 쪽으로 모든 규제가 집중됐고, 덕분에 자동차 회사는 '안전(Safety)'한 자동차를 만들기 위해 많은 기술 개발 노력을 해 왔다. 또한 사람이 운전한다는 점에서 사고의 책임도 명확했다.

　하지만 자동차 스스로 운전하는 자율주행 시대가 다가오면서 사고 책임을 두고 논란이 확산하고 있다. 운전자가 아무런 행동을 하지 않는 자율주행 상황에서 사고가 났을 때 책임이 어디에 있느냐는 것이다. 게다가 사람이 타지 않는 완전 자율주행차가 물건을 배송하다 사고가 났다면 더더욱 책임 소재가 곤란해지기 때문이다.

미국 캘리포니아주는 자율주행의 전제 조건으로 수동 장치를 언급했다. 자율 운전 기능에 문제가 발생하면 운전자가 즉시 수동으로 전환, 직접 운전에 가담해야 한다고 규정했다. 그래서 지능을 가진 자동차라도 수동 운전에 필요한 가속 및 브레이크 페달, 스티어링 휠을 반드시 설치하도록 했다. 이 경우 사고가 발생하면 운전자가 책임을 진다.

여기서 논란이 되는 것은 사람이 탑승했어도 자율주행 기능을 사용하다 사고가 났을 때이다. 이 문제에서 캘리포니아주는 당분간 제조사 책임으로 방침을 정하였다.

이 방침에 대해 자동차 업계뿐 아니라 구글이나 애플 등도 '규제를 위한 규제'라는 반응을 내놓고 있다. 실제 2016 CES에서 만난 완성차 업계 관계자는 "지금도 일부 ADAS(Advanced Driving Assistant System) 기능이 들어가 판매되고 있는데, 제조사가 책임을 지면 누가 판매에 나서겠느냐."고 항변하기도 하였다.

이와 같은 방침이 적용되는 것은 전자 업계도 마찬가지이다. BMW는 2015 CES에서 스마트 시계를 이용한 자동 주차 기능을 선보였다. 그런데 만약 이 과정에서 사고가 난다면, 전자 회사와 완성차 회사의 책임론이 뒤따르게 된다. 시계와 자동차를 연결하는 시스템 오류의 원인을 찾아 책임을 가리겠지만, 일단 사고가 나면 전자 회사 또한 책임을 벗어날 수 없다. 게다가 향후 스마트 시계와 스마트 자동차는 패키지로 묶여 판매될 가능성도 높다. 이때 전자 회사가 팔면 전자 회사가, 자동차 회사가 팔면 자동차 회사가 책임을 져야 한다는 얘기가 된다.

그런 면에서 캘리포니아주의 법령 초안은 여전히 논란이다. 2016 CES 현장에서 만난 기아차 관계자는 "제조사가 책임을 지도록 하면 쉽게 판매하기 어렵다."고 단언했다. 제아무리 자율주행이 완벽해도 사고라는 것을 100% 방지하는 것은 불가능에 가까우니 말이다.

현장에서 만난 부품 업계 관계자도 "자율주행 기술의 발전 속도는 놀랍도록 빠른 데 사람이 운전하는 것이 아닌 이상 사고 책임을 누가 지느냐가 IT와 기존 자동차 회사의 명암을 가를 수 있다."고 내다봤다. 전자 회사는 운전 장치가 필요 없는 무인 자율주행 차를 꿈꾸는 반면, 완성차 회사들은 기존 자동차에 지능을 부여하는 쪽으로 접근하고 있기 때문이다.

스마트 시계로 자율주행이 가능한 BMW

그렇다면 기계가 운전할 때, 그리고 스마트 시계로 주차하다 사고가 났을 때 보상 책임은 누가 져야 할까? 2016 라스베이거스 CES에 등장한 화려한 자율주행 기술에 감추어진 고민이자 반드시 해결하고 가야 할 담론이다.

경우의 수를 고려하면 크게 두 가지로 구분된다. 먼저 미국 정부가 제조사에 더 많은 책임을 부여할 때이다. 운전자는 제조사의 자율주행 기술을 믿고 명령만 내렸다는 점에서 책임의 무게가 제조사 쪽으로 기울어야 한다는 얘기다. 반대로 소비자 과실 책임의 무게가 더 무겁다면, 소비자는 어떤 자율주행 차가 나와도 섣불리 구매하지 않을 것이 불 보듯 뻔하다. 특히 자율주행 차가 교통 약자를 위해 반드시 필요하다는 구글 등의 논리가 힘을 잃게 된다.

우리나라에서는 2016년 4월 국회 소회의실에서 자동차미래연구소 주최로 '자율주행 차의 사고 책임에 관한 법적 책임 토론회'가 열렸다. 당시 발제자로 나선 국민대학교 자동차융합대학장 김정하 교수는 "완벽한 기술이란 불가능하다."면서 **"자율주행 차가 양산되면 제조사와 정부, 이용자 모두에게 책임을 물을 수 있어야 한다."**고 강조한 바 있다. 제품을 개발해 판매한 제조사, 제품에 대한 인증을 허용한 정부, 제품을 신뢰하고 이용한 소비자가 책임을 나눠야 한다고 말이다. 그러나 어느 쪽에 더 많은 비중을 두느냐의 문제는 결코 쉽지 않다고도 첨언한 바 있다.

이에 반해 조석만 변호사는 자율주행 차 상용화에 앞서 '운전자'의 개념을 재정의하고 '도로교통법', '교통사고처리특별법', '자동차손해배상 보장법', '제조물 책임법' 등에 전면적인 개정이 필요하다는 주장을 제기하였다.
또한 류태선 박사는 "교통사고를 완전히 없앨 순 없겠지만, 자율주행 차는 더 안전한 교통 문화를 만들어 주리라 기대된다."며 "운전자가 개입하지 않은 주행 과정에서 발생한 사고에 대해선 기술적 결함에 대한 제조사의 규명 책임이 있어야 할 것"이라고 지적하였다.

따라서 미국 법원의 책임 소재 판단은 글로벌 완성차 기업 또는 자율주행 차를 기다리는 소비자들에게 많은 영향을 미칠 수밖에 없다. 미래 자율주행 차의 등장을 필연이라고 할 때 어느 한쪽의 손을 들어주기가 쉽지 않기 때문이다. 핵심은 책임의 비중에 있고, 미국이 이 비중에서 인증해준 정부의 책임을 포함할 것인지가 주목된다.

첨언하자면, 지난 토론 이후 우리 사회에서 자율주행 차의 법적 사고 책임에 관한 다양한 목소리는 금세 잦아들었다. 그리고 정부는 미래 먹거리 주요 산업으로 자율주행 차 관련 기술 개발에 적극적으로 나선다는 방침에 따라 그 개발에 수천억 원의 세금을 쏟아붓기로 하였다. 하지만 책임 소재가 불분명하고, 국민적 공감대가 형성되지 않는 한 자율주행 차는 등장할 수 없을 것이다. 따라서 토론은 지속하여야만 한다.

최근 자율주행 차의 보험료 논란은 대표적인 법적 책임 공방이다. 미국 보험사 AIG 그룹이 미국 내 1,000명을 대상으로 자율주행 보험 관련 설문조사를 진행한 결과 자율주행 차가 보험사에는 악재일 수 있다는 우려가 제기됐다. 그러나 응답자 대부분은 자율주행이 도로에서 보편적으로 함께 섞이려면 앞으로 20년은 지나야 할 것이라고 답해 보험사로서는 대비할 시간이 아직 충분하다는 분석도 나왔다.

AIG 조사에 따르면 자율주행 차 수용 여부에 대해 소비자 사이에서 반응이 엇갈려 흥미를 끌었다. 수용하겠다는 답과 그러지 않겠다는 답이 절반씩 나뉜 것이다. 자율주행 차에 완전하게 운전을 맡길 수 있느냐는 문항에 대해서도 찬성과 반대 응답률이 각각 42%와 41%로 나타났다. 70%의 소비자는 자율주행 차가 해커에게 통제될 위험이 크다는 점에 동의했다. 이에 따라 앞으로 20년 이내에 운전자 없는 차가 도로에 함께 오르기 어렵다는 생각을 드러냈다.

이번 조사 결과에 대해 자동차 보험 업계는 자율주행 기술이 위험을 낮출수록 사업 자체의 본질적 측면이 크게 혼란을 겪을 것으로 전망했다. 모건스탠리는 최근 보고서에서 자동차 보험 사업이 자율주행 차에 적응할 방법을 찾지 못하면 많은 관련 기업이 사라질 수도 있음을 경고한 바 있다. 반면 자율주행 차의 등장이 보험업을 위기에 몰아넣지 않을 것이란 주장도 만만치 않다.

AIG 렉스 바흐 사장은 "위험은 사라지는 게 아니고 인간에서 기계로 옮겨 가는 것일 뿐"이라며 오히려 기계의 보험 가입이 늘어날 것으로 내다보기도 했다.

한편, 응답자의 35%는 자율주행이 보험료를 낮추는 데 도움이 될 수 있으며, 상황에 따라 자동차 제조사, 소프트웨어 공급사도 일부 책임을 져야 한다는 의견을 나타냈다. 또 미국 내 컨설팅 회사인 알릭스파트너스에 따르면 미국 소비자의 대다수는 자율주행이 시장에 등장했을 때 해당 제품 구매를 고려하지 않을 것이라고 결론지은 바 있다. 그만큼 기술에 대한 신뢰도가 확보되려면 오랜 시간이 걸린다는 점을 고려한 셈이다.

자동차의 미래권력

3부

## 새로운 탈것의 시대

# 바퀴를 벗어난
# 이동의 권력

　도로에 넘쳐나는 승용차의 하루 평균 주행 거리는 얼마나 될까? 교통안전공단에 따르면 2015년 승용차의 일일 평균 주행 거리는 37.6km로 연간 1만 3,724km에 달한다. 2002년 하루 이용 거리가 53.9km였던 것을 고려하면, 30.2%나 축소된 셈이다. 편리한 대중교통의 확충이 승용차의 이용 거리를 줄인 것으로 해석되지만, 교통망이 거미줄처럼 늘어갈 때마다 자동차 회사는 적지 않은 고민에 빠지게 된다.

　첫 번째 고민은 '차령의 증가'이다. 주행 거리가 짧아지는 만큼 보유 기간이 늘어 신차 구매 시기가 미뤄지기 때문이다. 한국 자동차산업협회에 따르면 10년 이상 된 차의 비중은 1998년 3%에서 2015년 34%로 늘어났다.
　물론 차령 증가에도 불구하고 그간 국내 신차 판매는 점진적 상승세를 보여 왔다. 과거 한 집에 한 대였던 승용차 보유가 세대 구성원 각자로 넓어졌기 때문이다.
　그런데 이런 성장 시대도 점차 끝나가고 있다. 이미 자동차를 살 사람은 다 산 것이다.

두 번째 고민은 '**새로운 모빌리티의 등장**'이다. 충전 망이 확보되면 36.7km를 전기로 오가기는 매우 쉽다. 더불어 굳이 전기차가 아니어도 전기 자전거, 전동 휠 등 새로운 모빌리티가 얼마든지 기존 자동차를 대체할 수 있게 된다. 그럼에도 굳이 '자동차가 있어야 한다.'고 해도 신개념 이동수단이 자동차의 하루 평균 주행 거리를 줄여 신차 구매 주기를 늘리게 된다.

경쟁하는 모빌리티(스마트 자동차 vs 새로운 탈것인 포드의 전기 자전거)

일부 생각이 앞선 자동차 회사들은 자동차를 그저 여러 이동수단의 하나로 삼고 직접 새로운 이동수단 개발에 나서기도 한다. 3륜 전기차를 만들고, 전동 휠은 물론 자전거 개발에도 적극적이다. 다시 말해 큰 틀에서 '모빌리티(Mobility)'의 개념을 설정하고, 그 아래 자동차를 비롯해 다양한 '개인용 탈것(Riding Thing)'을 마련해 두는 전략이다. 소비자들은 용도에 맞는 탈것을 고르기만 하면 되도록 말이다. 그래서인지 요즘 자동차 회사마다 미래를 대비한 움직임이 한창이다. 로봇 개발에 공을 들이고, 인공지능(A.I)에도 막대한 돈을 쏟아붓는다. 어떻게든 미래 시장에서 살아남기 위한 몸부림이다. 게다가 일부 미래학자는 3D 프린터가 발전하면 개인이 집에서 자동차를 만들어 타는 일도 가능하다고 전망하기도 한다.

물론 연간 9천만 대의 신차가 판매되는 지구촌에서 어느 날 갑자기 절반이 새로운 이동수단으로 바뀌지는 않을 것이다. 하지만 터닝 포인트를 넘어서면 변화의 속도는 가파를 수밖에 없다. 37.6km가 던진 메시지의 충격이 조용하지만 강한 이유는 바로 그것이다.

2015년 스페인에서 열린 모바일 월드 콩그레스(MWC)에서 다양한 모빌리티가 등장하였다. 그중에서도 포드는 '핸들-온-모빌리티' 전기 자전거 연구를 발표했는데, 기존 자동차 및 대중교통 위주로 형성돼 온 도심 교통 인프라에 한층 빠르고 편리한 이동수단을 제공하기 위해서였다. 자동차 개발뿐만 아니라, 궁극적인 교통 문제 해결을 통해 미래 이동성을 개선한다는 '포드 스마트 모빌리티' 계획의 일환이며, 더욱 효율적이고 안전하며 건강한 이동수단으로서 전기 자전거의 가능성을 모색하는 프로젝트이다.

포드의 전기 자전거,
모드-미(MoDe:Me)

포드는 직원들을 대상으로 전기 자전거 디자인 및 설계 아이디어를 공모, 100여 개의 제안을 모았다. 이 가운데 가장 우수한 모드-미(MoDe:Me) 및 모드-프로(MoDe:Pro) 전기 자전거 두 종을 MWC에 선보였다. 모드-미 전기 자전거는 자전거 제작사인 다혼(Dahon)과의 협력을 통해 개발됐다. 도시 근교 통근자를 대상으로 하며, 쉽게 접히고 보관이 간편하다. 물건을 배달하는 목적에 최적화됐으며, 포드 트랜짓 커넥트와 같은 상용 밴에 쉽게 실을 수 있다.

두 종의 전기 자전거는 200W 모터와 시간당 9Ω을 내는 배터리를 장착, 시속 25km에 이를 때까지 페달을 돌린다. 장애물이 가까워졌을 시 후면 초음파 센서를 통해 발견하고 진동 및 발광 램프를 통해 자전거 운전자 및 후방 운전자에게 위험 신호를 알리는 장치가 장착됐다. 또한 애플 아이폰 6에서 모드-링크(MoDe:Link) 앱과 연동해 내비게이션 등 다양한 기능을 이용할 수 있다. 방향 전환 시 회전해야 하는 방향 쪽 손잡이에 진동을 주어 운전자에게 길을 안내한다. 이때 방향 지시등도 자동으로 켜진다. 목적지에 이르는 여러 경로 가운데 자전거 통행에 가장 적합한 길을 제시하며, 시시각각 발생하는 위험 신호를 실시간으로 제공한다. 더불어 자동차 및 대중교통과 연계된 장거리 이동에 대해서도 최적의 경로를 소개한다. 비용과 시간, 자전거 이동 비율, 날씨, 주차 요금, 배터리 충전소 위치 등의 다양한 요소를 고려한다. 임시 운행 중지와 같은 대중교통 돌발 상황도 미리 파악해 대안 경로를 신속히 제시한다.

전기 모터의 페달링 모드도 다양하게 설정할 수 있으며 운전자 심박 수와 연동이 가능하다. 목적지에 도착하기 전에 '노 스웨트(NO SWEAT) 모드'를 켜면 전기 모터가 자전거 이동을 전담해 보다 쾌적한 상태로 도착할 수 있다. 포드 자동차 인포테인먼트 '싱크'와 연결도 가능하다.

포드 유럽 CEO 바브 사마디치는 "우리의 생각, 협동 그리고 행동의 방식을 바꾸면 창의적 접근이 가능하다."며 "포드 스마트 모빌리티 플랜은 이동에 대한 근심을 덜어냄으로써 바쁜 도시에서 삶의 질을 향상할 수 있는 현명한 교통수단"이라고 하였다.

포드는 인포 사이클 연구도 발표했다. 다양한 도시에서 자전거들이 어떤 조건으로 이용되고 있는지를 조사하는 오픈 소스 연구이다. 자전거에 부착된 속력, 가속도, 날씨 및 고도 센서를 통해 자전거 교통 생태계를 연구하고, 탑승자 안전도 향상과 이동 경로 및 지도 체계를 구축하는 데 목적을 두고 있다.

사실 자동차의 기본 속성은 '이동(移動)'이다. 손쉽게 원하는 장소로 옮길 수 있어 140년 동안 대중의 이동수단으로 자리해 왔다. 이동을 위해 바퀴가 달리고, 바퀴가 회전할 수 있는 동력으로 화석연료를 선택한 것이다. 이러한 패러다임이 이제 변화하고 있다. **더 이상 네 바퀴가 기본이 아니며, 화석연료를 선호하지 않고 있는 것이다.**

이에 따라 전통적 의미의 자동차 회사가 아닌 샤오미가 전동휠 '나인 봇'을 만들 수 있었고, 구글과 애플이 자동차 진출을 선언할 수 있었다.

물론 전통적인 자동차 회사에서도 적극적으로 이동수단을 개발하고 있다. 토요타는 이미 3륜 '아이로드(i-road)'를 선보였고, 나인 봇과 비슷한 전동 휠도 판매 중이다. 또한 순수 EV와 하이브리드까지 네 바퀴 영역에서도 미래를 위한 준비가 확고하다. 현대차는 보행이 불편한 사람을 위한 입는 로봇을 준비 중이다. 이외 벤츠와 GM, BMW 등도 새로운 개념의 이동수단을 이미 개발한 상태이다.

토요타의 삼륜 모빌리티, 아이로드

이들 자동차 회사가 내놓는 다양한 이동수단의 공통된 특징은 거리에 따라 특성이 구분된다는 점이다. 쉽게 보면 두 바퀴는 가까운 거리, 세 바퀴는 그보다 먼 거리, 그리고 네 바퀴는 장거리에 적합하도록 만들어진다. 거리별로 적절한 수단을 제안해야 제품 간 상호 간섭을 줄일 수 있기 때문이다. 그렇지 않으면 여러 이동수단 중 하나만 선택하게 되고, 완성차 회사의 주력 제품인 자동차의 판매가 줄어들게 되니까 말이다.

완성차 회사의 이런 고민은 새롭게 진입한 기업에는 오히려 기회가 된다. 사업 구조상 네 바퀴에 매달릴 수밖에 없는 약점을 두 바퀴, 또는 세 바퀴로 얼마든지 위협할 수 있다. 게다가 최근 새로운 이동수단을 선보이는 기업은 IT 분야를 주력으로 삼는 경우가 많아 기존 '네 바퀴' 사업에 얽매일 필요조차 없다. 그래서 이들은 '모빌리티(Mobility)' 경쟁자로 분류한다.

모든 모빌리티는 에너지가 필요하다. 또 현대의 화석연료 사용 규제는 새로운 에너지의 필요성을 높이는 촉매이다.

대표적으로 토요타의 수소연료전지차 **미라이**를 꼽을 수 있다. 현대차 또한 수소연료전지차 분야에 미래 생존 운명을 걸었다. 이동수단은 물론 그에 필요한 에너지도 직접 공급하겠다는 전략이다. IT 업체들이 그들의 확장성을 위해 자동차 영역을 침범할 때, 자동차 회사는 IT의 기반마저 휘어잡는 에너지를 움켜쥐겠다는 의미이다.

지금의 자동차는 '탈것(Riding Things)'에 불과할 뿐이다. 중요한 것은 이들을 움직이는 힘(에너지)을 누가 쥐고 있느냐이다. 화석연료가 아닌 수소연료 전쟁에 자동차 회사가 뛰어드는 배경이다.

# 움직임의
# 혁명이 시작되다!

많은 과학자가 전기차에 전력을 직접 공급해 움직이는 게 가장 효율적이라고 말한다. 또 충전 시간이 오래 걸린다는 점, 전기 에너지의 저장 방법이 쉽지 않다는 점을 들어 태양열을 이용한 수소 에너지의 활용이 현실적이라고도 말한다.

이것의 전제는 수소는 오랜 기간 비축이 가능한 반면, 전기는 저장성이 떨어진다는 데 있다. 물론 발전소 또는 자연적인 방법으로 전기를 만들어 별도 배터리(ESS)에 저장한 뒤 필요할 때 꺼내 쓰는 방식이 있다. 그리고 전기차를 그저 이동하는 배터리로 인식해 다른 차나 건물에서도 사용할 수 있도록 하는 사물 간의 그리드(Grid) 연구도 활발하다. 하지만 에너지 안보 및 보급 측면에서 전기가 수소를 따라가지 못한다는 게 자동차 회사들의 지배적인 생각이다.

2016년 6월, 일본에서 토요타 수소연료전지차 담당인 히사시 나카이 기술 홍보부장을 만났다. 그는 다음과 같이 설명하였다.

"예를 들어 1kWh로 10km를 주행하는 전기차가 1만 km를 달려야 한다면 1,000kWh의 전력이 필요하고, 이를 저장하려면 테슬라 모델 S에 적용된 75kWh의 대용량 배터리만 13개 이상이 필요하다. 배터리팩 하나의 무게가 600kg 정도인 점을 고려하면 저장 장치의 무게만 6t을 넘고, 공간 또한 많이 차지하게 된다."

"반면 현대차 투싼 FCEV의 국내 효율은 kg당 76.8km이고, 1만km 주행으로 환산하면 모두 130kg의 수소가 필요하다. 다시 말해 130kg 용량의 기체 수소 저장 탱크 하나만 있으면 해결된다. 만약 기체 수소를 액화 상태로 동일한 130kg의 탱크에 저장해 사용하면 주행 거리는 4만km까지 늘일 수 있다."

토요타 미라이

이런 이유로 토요타는 전기보다 수소를 미래 에너지로 선택했고, 현대차 또한 같은 결론에 도달했다. 벤츠와 BMW 등도 여러 연구를 거쳐 미래 에너지로 수소를 주목한다. 심지어

BMW는 자동차에 사용하는 수소연료 탱크에 더 많은 기체 수소를 담아내기 위한 촉매 발굴에도 적극적이다. 동일한 무게에서 수소를 더 많아 담아내면 그게 곧 소비자의 경제성, 다시 말해 1회 충전 후 주행 거리를 늘일 수 있는 방법이 된다.

하지만 전기차를 주장하는 과학자들은 에너지 저장 장치에 전력을 담아 지능적으로 나눠 쓰면 굳이 수소를 저장하지 않아도 된다는 주장을 내놓는다. 실제 미국 실리콘밸리를 중심으로 값이 쌀 때 전기를 구매해 저장한 뒤 비쌀 때 소비자에게 되파는 기업이 생겨나기 시작했다. 전력 저장 장치, 이른바 대용량 배터리가 이 비즈니스를 가능하게 하는 요소이다. 또한 이들은 태양광을 이용한 발전 비용도 크게 떨어지고 있어 굳이 수소로 변환할 필요성이 없다는 논리를 펴고 있다.

자동차 회사는 수소의 저장성에, 새로 뛰어드는 전기차 기업은 전력의 자성에 주목했다. **태양이라는 무한한 자연 에너지를 통해 전기를 만들고, 해당 전기로 수소를 만들어 쓰는 것과 전기를 직접 쓰는 것**, 미래에는 어떤 방식이 우위를 점하게 될까? 방식에 따라 4차 산업혁명의 진화 속도가 달라질 수 있다.

2011년 독일의 수도 베를린 중심가에서 다양한 전기차 발표가 있었다. 에너지 회사인 RWE와 메르세데스 벤츠가 주최하고, 연방 정부가 공식 후원했으며, 독일 최대 자동차 클럽인 아데아체(ADAC)와 스마트, 루프, 테슬라 등 전기차 업체들이 협찬에 나섰다. '미래의 전기 충전소'라는 주제로 다양한 홍보 행사가 있었고, 언론의 카메라는 이-모빌리티(E-Mobility)의 다채롭고 화려한 로드쇼에 집중됐다. 특히 메르세데스 벤츠 스마트와 미국의 테슬라 로드스터를 비롯해 루프(Ruf)사가 개발한 이루프(eRuf) 등 이른바 컨버전 차종이 주목받았다.

재미나는 것은 행사의 주최사인 RWE다. 독일의 대표적인 에너지 회사인 RWE는 1981년 폭스바겐 골프를 기반으로 한 '시티 스트로머'라는 첫 전기차 프로젝트를 완수했다. 2008년 초에는 메르세데스 벤츠 스마트를 기본으로 전기차의 시내 인프라 구축을 위한 투자에 적극적이었다. 전기차 운용은 곧 전력 회사의 매출 증대를 의미하기에 RWE가 앞장서는 셈이다.

플러그인 전기차는 충전 인프라가 필수이지만, 하이브리드 차는 연결 방식에 따라 경제성만 맞는다면 곧바로 실용화와 스마트 그리드 적용이 가능하다. 이미 베를린을 비롯해 독일 주요 도시는 병렬형 하이브리드 차가 일반 택시로 운영되고 있다. 하이브리드가 일반 택시로 사용된다는 것 자체가 자동차 산업 전반에 걸친 혁명과 패러다임의 변화로 읽힌다.

베를린의
하이브리드 택시

당시 베를린 RWE의 이모빌리티 프로젝트에는 연방 정부도 적극적이었다. 특히 수도 베를린은 오래전부터 전기차에 대한 재정 및 정책적 뒷받침이 지속해 온 덕에 베를린 시내 공영 주차장 등에는 RWE의 충전기가 구비되어 있다. 물론 다른 에너지 공급 회사의 충전기도 속속 등장하고 있다.

RWE의 충전기

전기차 시대는 특정 업계가 주력한다고 해결되는 과제가 아닙니다. 정부의 지속적인 정책과 지원이 있어야 하고, 소비자 의식이 변화돼야 한다. V2G가 실현되면 전기차나 하이브리드 차를 타는 사람은 에너지를 효율적으로 사용할 수 있게 된다. 그렇게 되면 소비자 경제성이 확보되어 전기차 시장이 보다 확실해질 수 있다는 것이 독일의 판단이다.

이런 노력은 한국에서도 추진되고 있다. 제주도는 최근 카이스트와 손잡고 스마트 하우스 구축을 준비 중이다. 스마트 하우스란 외부로부터 에너지를 공급받지 않고, 스스로 에너지를 만들어 공유 또는 거래하는 개념이다.

스마트 주택에는 주차장이 없다. 각 세대의 거실 옆에 마련된 별도 공간이 주차장이며, 전기차가 그곳까지 리프트로 옮겨진다. 차에 전력이 남아 있으면 끌어다가 가정용 전자 제품에 공급할 수 있고, 그래도 남으면 필요한 다른 세대에 판매할 수도 있다. 그리고 각 가정이 전기를 얻는 수단은 태양광이다. 뜨거운 태양광을 통해 에너지 저장 장치에 전기를 모아 둔 뒤 각

세대별로 비용을 내고 전기를 이용하는 식이다. 전기차의 경우 스마트 주택이 아닌 외부의 공공 충전 망을 이용해 저렴한 요금으로 충전한 뒤 집으로 옮겨 와 다른 세대에게 판매할 수도 있다. 전기차가 일종의 전력 이동 운반 수단도 된다는 의미다. 이런 방식은 전기차 외에 다양한 탈것의 활성화를 가져올 수밖에 없다.

태양광을 이용한 전기차

이때는 가전 업체가 시장을 주도하게 되는데, 이미 전동 휠, 전기 자전거, 1인용 이동수단에선 가전 업체들이 한발 앞서 시장을 선점 중이다. 네 바퀴가 아닌 세 바퀴, 두 바퀴 시장도 이른바 이동수단 체인망에 들어온다는 뜻이다.

전기차의 도래와 함께 수소차의 등장은 자칫 친환경차의 두 영역 간 갈등 양상으로 보이기도 한다. "진입 장벽이 쉬운 전기차를 막을 방법은 수소차뿐이다." 한국뿐 아니라 글로벌 완성차 업계에서 공공연히 나도는 말 가운데 하나다. 자동차 회사의 미래 생존을 보장할 에너지는 전기가 아닌 수소라는 뜻이다.

그렇다면 왜 자동차 회사는 수소에 집착(?)할까? 광고에서처럼 수소가 무한 에너지여서일까? 아니면 수소의 저장성이 뛰어나서일까? 둘 다 맞는 말이다. 하지만 이는 어디까지나 에너지의 문제일 뿐 그 이면에는 진입 장벽 구축이라는 전략이 숨어 있다.

기본적으로 '자동차'라는 제조물의 특성은 동력 발생과 기계적 움직임이 핵심이다. 특히 150년 동안 꾸준히 개발해 온 내연 기관은 사실상 거대한 진입 장벽이나 다름없다. 자동차라는 제품을 만들어 새롭게 시장에 진입하려 해도 내연 기관 개발이 쉽지 않아 뛰어들지 못한 기업이 많다는 뜻이다.

그러나 최근 전기 배터리가 새로운 동력원으로 등장하면서 상황이 달라졌다. 이미 중소형 이동수단은 전기 배터리가 시장을 점령한 상황이고, 이제는 자동차로 그 영역이 옮아가고 있다. 덕분에 설립된 후 수송용 에너지 시장은 눈길조차 주지 않았던 한국전력이 미소를 짓는다. 동력 발생 장치의 변화가 새로운 에너지 생태계를 만들고 있어서다. 테슬라 모터스의 엘론 머스크가 꿈꾸는 움직이는 전자 기기 세상 말이다.

그런데 배터리는 늘 부딪히는 장벽이 있다. 전기 생성 과정이 친환경적이지 않다는 것이다. 배터리는 석탄을 태우고, 방사성 물질이 나오는 원자력으로 전기를 만들어 사용해야 하는 한계에 도달한다. 물론 전기를 얻는 다양한 방법은 여전히 우리 주변에 넘친다. 태양광을 이용하기도 하고, 댐을 만들어 수력을 활용할 수도 있다. 파력, 조력, 풍력 등의 자연 현상을 이용해 전기를 만들기도 한다. 이른바 신재생 에너지다. 그러나 신재생 에너지는 kWh당 가격이 비싸고, 새로운 기반 시설이 필요하다.

하지만 시간이 흐를수록 신재생 에너지의 효율은 오르고, 비용은 내려가기 마련이다. 역사적으로 과학 기술은 이런 문제를 해결해 왔고, 앞으로도 그럴 수밖에 없다. 따라서 배터리 가격은 내려가고, 태양광을 통한 발전효율도 당연히 오를 수밖에 없다. 또한 충전 시간도 짧아지고, 1회 충전 후 주행 거리도 1,000km 이상 늘일 수 있다. 배터리에 보다 많은 전기를 저장하는 기술의 발전 속도 또한 눈부시게 전개되고 있어서다. 작은 공간에 전기를 많이 저장할수록 사용 가치는 훨씬 높아지고, 덕분에 수송 부문은 새로운 사업자의 진입이 낮아진다. 복잡한 기술과 부품이 들어가는 내연 기관을 가볍게 대신할 수 있으니 기계적인 움직임만 제어하면 되기 때문이다.

나아가 최근 기계적인 움직임도 전장 기술 발전으로 자동차 회사의 독점력을 떨어뜨리고 있다. 첨단 운전자 지원(ADAS) 기능이 속속 등장하고, 소프트웨어가 하드웨어를 지배하기 시작했기 때문이다. 자동차 한 대에 들어가는 반도체가 이미 10년 전의 두 배를 넘어선 사례가 대표적이다. 그러니 누구나 사용 가능한 배터리에, 누구나 사용 가능한 소프트웨어를 넣어 이동 수단을 만드는 일은 쉽다. 최근 퍼스널 모빌리티 영역에 중소기업이 앞다퉈 뛰어든 것도 진입이 그만큼 낮아졌다는 방증이고, 이는 곧 자동차 회사의 고민이 시작됨을 의미한다.

오랜 시간 방법을 고민하던 자동차 회사가 꺼낸 카드가 바로 '수소(Hydrogen)'다. 수소는 앞서 언급한 대로 에너지가 무궁무진하고, 저장성이 뛰어난 데다 유해물질 배출도 없고, 순환 사용이 가능하다는 게 장점이다. 신재생으로 전기를 얻은 후 물을 분해하고, 여기서 얻어진 수소를 저장한 뒤 필요할 때 꺼내 사용하면 된다. 방금 만들어 먹었을 때 가장 맛있는 요리가 전기차라면 수소는 저장해 두었다가 필요할 때 꺼내 먹는 저장 식품 기반의 요리다.

하지만 수소를 활용할 때는 고도의 복잡한 기술이 전제된다. 특히 수소와 산소를 반응시키는 방법은 매우 까다롭다. 많은 연구개발비가 투입돼야 하고, 다루는 것도 정교해야 한다. 고장 나면 단순히 배터리를 교체하는 것과는 차원이 다른 사안이다. 자동차 회사가 수소를 직접 주목한 것도 이 부분이다. 친환경 명분이 뚜렷하고, 지속 순환 가능성이 높다면 막대한 비용을 들여서라도 연구 개발에 매진, 수소 쪽으로 시장을 끌고 가는 게 새로운 도전자의 진입을 막을 방법이라 판단했다. 이것이 메르세데스 벤츠와 폭스바겐 그룹, 토요타와 현대차 등이 수소를 견인하는 배경이다.

물론 수소 사회를 구현하려면 새로운 인프라가 구축돼야 한다. 반면 전기는 전선을 통해 오랜 시간 지구 곳곳을 그물망처럼 연결했다. 그래서 어느 것이 낫다는 토론은 의미가 없다. 인프라 기준으로 하면 전기가 낫고, 자원 순환과 지속성을 떠올리면 수소가 우위에 있어서다. 그래서 전기차도 있고, 수소차도 있어야 한다는 주장이 설득력을 얻는다. 인프라 구축이 될 때까지는 배터리 전기를 쓰고, 점차 수소로 바꾸는 과정을 염두에 둔다. 하지만 시간이 얼마나 걸릴지는 아무도 모른다. 그래서 이제는 수송 에너지의 다원화가 정답이다. 휘발유, 디젤, 천연가스, LPG, 배터리 전기, 수소 전기 등이 공존해야 하는 시대로 접어들고 있다. 이미 글로벌 자동차 시장이 그렇게 움직이는 중이며, 모든 제조사도 공감한다. 단, 먼저 갈 것이냐, 아니면 따라갈 것이냐의 문제만 남을 뿐이다.

# 시시각각 변하는 탈것

바퀴가 달린 이동수단의 기원은 흔히 '수레'라고 한다. 인류는 수레를 발명하고, 그것을 이용하여 피라미드나 만리장성을 건설할 수 있었다. 바퀴는 인류 역사의 패러다임을 바꾸는 획기적인 발명품이었다.

초기 수레는 그저 바퀴만 있을 뿐 주요 동력은 사람의 힘, 인력이었다. 18세기 증기 기관이 발명되기까지 말이다. 이후 19세기에는 엔진으로 대표되는 내연 기관이 주요 동력원이었고,

내연 기관을
주 동력으로 삼은
전통의 자동차 회사

바퀴의 형태도 오늘날의 네 바퀴보다 안정적이고 견고하게 발전될 수 있었다.

엔진의 발명 이후, 지금까지도 움직이는 모든 것의 동력은 엔진이 담당하였다고 봐도 무리가 없을 것이다. 석유에서 추출한 연료가 엔진 안에서 연소하며 동력을 만들었고, 동력이 바퀴를 회전시키며 움직였다. 동력이 무언가를 돌린다는 점에서 '모터'로 불리기도 하였다.

BMW_b37 엔진

BMW_ i8 엔진

이 주요한 동력이 최근에 전기로 바뀌고 있다. 매장된 화석연료의 고갈과 화석연료 사용에 기인한 탄소 배출로 유발된 지구 환경 문제 때문이다. 인류는 현재 엔진과 전기를 겸용하는 하이브리드 시스템을 개발한 상태이고, 전기의 역할을 점차 늘려 순수 전기차를 보급하는 수준에 도달하였다.

문제는 여전히 에너지원이다. 순수 전기로 구동하는 건 좋지만 어디선가 전기를 공급받아야 했다. 또 전기를 넣으려면 발전소 등에서 다시 전기를 생산할 수밖에 없는 만큼 100% 친환경 논란에서 벗어나지 못한 것이다. 그래서 나온 아이디어가 태양광으로 전기를 만들어 구동하는 방식이었는데, 기본적으로 비용 부담이 크다. 그 밖에 수소를 산소와 반응시킬 때 나오는 전기로 구동하려는 노력도 하고 있다.

그러나 두 바퀴로 가는 바이크(Bike)는 달랐다. 이 탈것은 동력의 발생 종류에 따라 '모터바이크'와 '순수 바이크'로 구분된다. 모터바이크는 동력이 엔진이고, 순수 바이크는 자전거를 의미한다.

이제 사람들은 자전거에 전기 동력을 추가하고 있다. 사람의 힘으로 페달을 돌리다 지치면 전기를 쓰는 새로운 두 바퀴 '탈것'이 대중화될 것이다.

만도 풋루스

전기 자전거는 어떻게 사용할까? 간단하다. 콘센트에 플러그를 꽂아 충전해 두었다가 타고 싶을 때 밖으로 나가면 된다. 속도 제어는 전기 공급을 통해 조절하는데, 오르막에서는 전기를 많이 사용하고 내리막에서는 사용하지 않는다. 페달 또한 힘이 있으면 돌리고, 없으면 그냥 놔둔다. 그래도 배터리에 전기가 남아 있는 한 움직일 수 있다.

충전 전력만으로 최장 45km를 이동할 수 있으며, 빨리 가고자 할 때는 속도를 시속 25km까지 낼 수 있다. 전력을 모두 쓰면 자전거는 멈춘다. 그때는 페달을 돌려도 소용없다. 무조건 동력원인 전기가 남아 있어야만 한다.

토요타 아이로드의 핵심적인 특징은 '액티브 린(Active Lean)' 시스템이다. 스티어링 휠의 움직임에 따라 좌우 바퀴 높낮이가 달라지며 회전할 때 원심력을 억제한다. 한 개의 뒷바퀴는 조향을 담당한다. 토요타가 '모빌리티(Mobility)'라 부르는 자동차와 바이크의 중간적 형태의 '탈것'이 바로 아이로드이다.

이것은 현재 일본에서는 바이크로 분류되지만, 향후 새로운 자동차로 구분되어 판매에 들어갈 것이다. 또한 아이로드는 세 바퀴 스쿠터에 지붕과 좌우 도어를 부착한 형태이다. 싱글 와이퍼가 있고, 좌우 방향 지시등이 있으며, 시프트 버튼만 있다. 하

아이로드(i-ROAD)

지만 바이크와 달리 자동차와 마찬가지로 주행은 페달로 조작된다. 가속 및 제동, 그리고 족동식 파킹 페달도 갖추고 있다. 헤드램프는 바이크처럼 중앙 한 개만 부착되어 있다.

　토요타 아이로드를 직접 타 본 경험은 인상적이다. 경량 이동수단이지만 토요타의 제품 철학이 반영돼 승차감은 부드럽다. 아이로드 개발 담당인 마코토 모리타 연구원은 "아이로드는 자동차와 바이크의 중간으로 보면 된다."며 "2016년 3월 제네바에 내놓은 뒤 꾸준히 실증 실험을 거쳐 승차감을 완성했다."고 설명하였다. 그는 "실제 액티브 린 시스템은 자동차의 조향 방식을 바이크의 코너링에 접목한 것"이라고 밝혔다.

### 아이로드 시승기

주행은 버튼으로 드라이브(D) 모드를 누르면 된다. 이외 버튼은 중립(N)과 후진(R)이다. 가속 페달을 밟으면 전기 모터로 구동됨을 쉽게 느낀다. 모터 소리만 들리고, 단순히 비와 바람을 피할 수 있는 도어가 마련된 것이어서 외부 소음도 많다. 게다가 무게를 낮추기 위해 도어 하단은 투명 플라스틱이 적용됐다.

최고 시속은 60km이지만, 실제 주행에서는 50km를 약간 웃돈다. 그러나 속도는 큰 의미가 없고, 액티브 린 시스템 덕분에 코너링이 무척 재미있다. 스티어링 휠을 왼쪽으로 돌리면 뒷바퀴가 조향 되며 오른쪽 앞바퀴가 높아져 바깥으로 밀리는 원심력을 흡수한다. 반대로 스티어링 휠을 조향하면 앞 왼쪽 바퀴와 노면의 거리가 멀어지며 역시 횡력을 막아 낸다. 이때 자연스럽게 차체가 기울어 운전자는 바이크를 타는 느낌을 받는다.

짧은 회전 반경에 따라 스티어링 휠을 한쪽으로 끝까지 돌리면 마치 운전자가 노면에 바짝 붙어 있는 착각에 빠진다. 하지만 회전 방향을 바꿀 때는 바이크를 연상해야 한다. 바이크를 회전시킬 때 몸이 기울어지는 것과 같아서다. 이것이 자동차와 마찬가지로 급한 차선 변경에 즉각적으로 반응하지 못하는 이유이기도 하다. 순간적인 방향 전환이 빠르지 않아 여유를 두어야 한다. 제동은 페달을 밟으면 된다.

# 운전보다
# 타는 즐거움

　BMW가 EV i3를 글로벌 시장에 내놓은 것은 2013년이다. EV i3는 탄소 복합 소재로 무거운 철 소재를 대신하고, 64Ah의 충전 용량을 갖춘 리튬이온 배터리를 탑재해 한국 기준으로 최장 132km를 주행하는 수준이었다. BMW는 먼저 단거리 EV를 내놓고 추가로 더 많은 주행을 원할 때를 위한 '주행 거리 연장 옵션', 즉 레인지 익스텐더를 마련하며 EV 시장에 뛰어들었다.

BMW i3 94Ah

i3가 프리미엄 EV 제품으로 등장하자 소비자들은 적지 않은 관심을 표명했다. i3는 출시 이후 글로벌 판매가 3만 대를 넘기며 승승장구했다. 사용에 불편함이 없도록 가정용 충전 박스를 지원하고, 충전 인프라가 확대되는 유럽과 미국 내 도시를 공략해 'i' 브랜드의 입지를 구축했다. 프리미엄 브랜드 중 가장 먼저 EV에 뛰어든 BMW의 전략이 어느 정도 시장에 먹혀든 셈이다.

하지만 장거리를 향한 소비자들의 요구는 여전히 계속됐다. 그러자 BMW는 정확히 3년 후 장거리 EV로 i3 94Ah 버전을 내놨다. 기존의 60Ah에서 배터리 용량을 늘린 제품이다. 내연기관으로 비유하면 연료 탱크를 키워 보다 많은 에너지(전기)를 배터리에 담은 셈이고, 덕분에 주행 가능한 거리가 증가했다. 한마디로 단거리 EV가 소비자들의 EV 접근 장벽을 어느 정도 제거했다면 이제는 장거리 EV를 통해 내연 기관을 대신하는 쪽으로 한발 들어가겠다는 의도다.

BMW의 미래 전략은 쉽게 읽힌다. BMW는 i3 94Ah 제품의 핵심 개발 과제로 고밀도 배터리를 선정하고, 3년 동안 배터리 밀도를 높이는 데 주력했다. 지난 2016년 8월 독일 뮌헨 인근에 있는 BMW 딩골핑 공장에서 그간의 개발 과정을 상세히 들을 수 있었다. 먼저 'EDS(Electronic Drive System)'로 부르는 EV의 동력계를 모듈 방식으로 제작한다. 여기서 중요한 것은 모듈의 무게 변동 없이 배터리 용량을 키우는 작업이다. i3에 새로 탑재한 94Ah 고전압 배터리의 경우 이전과 동일한 크기에 기존보다 50% 많은 전력

BMW i3 94Ah의 배터리

소재(리튬)를 넣었다. 다시 말해 에너지 밀도를 높여 주행 거리를 늘인 셈이다. 이를 위해 리튬을 원자 크기의 차원에서 직접 연구했다는 게 피터 랄프 BMW R&D 고전압 배터리 개발 담당의 말이다. 그는 "i3에는 96개의 셀이 들어 있는데, 8~12개씩 모듈로 제작해 60~94Ah의 용량을 발휘하게 된다."며 "배터리 셀의 숫자는 동일하지만 소재의 밀도 차이로 주행 거리가 달라지는 것"이라고 말한다.

하지만 무게가 동일한 것은 아니다. 하나의 방(Cell) 안에 소재가 밀집돼 있으니 당연히 증가했다. 새로운 배터리 탑재로 이전보다 차의 중량이 50kg 증가한 것이다. 경량화를 통해 1km라도 주행 거리를 늘여야 하는 EV에서 무게 증가는 당연히 부담이다. 하지만 BMW가 주목한 것은 중량 부담이 아닌 성능과 주행 가능 거리의 적절성이다. 성능 손해 없이 배터리 밀도 향상으로 주행 거리를 늘인다면 BMW의 제품 철학인 '역동성'이 지켜진다.

하인리히 슈바호퍼 i3 제품 개발 담당은 "i3 94Ah 제품을 찾는 84%가 신규로 EV에 진입하는 소비층"이라며 "이들은 주행 거리 연장과 성능을 모두 원하는 소비층"이라고 말했다.

당시 설명과 기본 사항을 파악한 뒤 i3 94Ah에 직접 올라봤다. 물론 2013년 경험했던 i3 64Ah와 디자인 및 인테리어는 거의 똑같다. 속도를 높이면 EV 특유의 최대 토크가 곧바로 발휘되며 순식간에 속도를 높인다. 제한 시속 80km가 무색할 만큼 빠르게 높이는 속도는 BMW의 '역동성' 유지 노력을 증명한다. 그리고 페달에서 발을 떼는 것만으로도 감속이 쉽게 경험된다. 여기에는 분명한 이유가 있다. BMW는 i3의 주행 거리 확대를 위해 가급적 운전자가 브레이크 페달을 밟지 않도록 설계했다. 따라서 가속 페달에서 발을 떼면 속도가 브레이크 페달을 밟은 것처럼 줄어드는데, 이질감을 느낄 수도 있지만 쉽게 적응

된다. 오히려 익숙해지면 멈춰야 할 거리를 운전자 스스로 계산해 페달에서 발을 떼게 된다.

물론 시승은 국도와 고속도로에서 이루어졌지만 200km 이상 구간은 아니다. 대략 70km 정도의 거리에서 이뤄진 짧은 구간이었지만 저속, 중속, 고속을 경험하기에 충분했다. 그중에서도 인상적인 부분은 고속이다. 물론 페달을 얼마나 밟느냐에 따라 내연 기관과 마찬가지로 전력을 많이 소비하지만 EV의 역동적인 움직임 자체는 소비자들의 긍정적 평가를 끌어낼 요소로 꼽힐 만하다.

그리고 승차감은 편안함에 초점이 맞추어져 있다. 물론 필요에 따라 스포츠 모드를 활용할 수 있지만 EV 운전자의 대부분이 도심 이용자라는 측면에서 편안함에 초점을 맞춘 것으로 해석된다. 하지만 핸들링은 여전히 날카롭다. BMW 특유의 핸들링은 결코 포기하지 않았다는 의미다.

사실 당시 경험은 시승이라기보다 i3에 94Ah 버전을 더했다는 점에서 보다 많은 의미가 있다.

**BMW에 있어 'i'는 미래 생존 먹거리**다. 하지만 아직 EV 시장이 성숙하지 않은 만큼 단계별 접근이 필요했고, 2단계가 바로 장거리 EV다. 아무리 제품이 뛰어나도 소비자가 이용하지 않으면 무용지물이고, 그러자면 다양한 방식으로 이용자의 편리함을 만들어 주어야 하기에 i3 94Ah에는 3상 충전이 가능한 기능도 넣었다. 가뜩이나 글로벌 인프라가 완벽하지 않은 상황에서 충전기마저 국가별, 제조사별로 구분돼 사용이 어렵다면 각 나라의 충전기를 바꾸는 게 아니라 제조사가 혼용 충전 방식을 택해 소비자 사용을 돕겠다는 의도다.

같은 의미로 '나우(NOW)' 서비스도 한창이다. 신용카드 등을 자동차에 등록해 놓으면 유럽 내 계약된 여러 나라의 공공 주차장은 물론 사설 주차장도 후불 결제를 통해 손쉽게 이용할 수 있다. 또한 충전도 마찬가지다. 이용자의 번거로움을 최대한 줄여 사용을 확대하겠다는 의미다. 결국 EV가 극복해야 할 짧은 주행 거리는 배터리 소재의 밀도 높이기로 해결하고, 부족한 충전 망은 충전 방식의 혼용으로 극복하며, 도심 내 사용자의 편리성은 커넥티드를 활용한 결제 서비스 등으로 만족시키겠다는 얘기다. 단순한 제품 제조에 그치는 게 아니라 EV 사용자의 생활 속으로 기업이 직접 뛰어들어 불편함을 해소해 시장을 키우는 방식이 바로 BMW 'i' 브랜드의 전략인 셈이다.

나아가 제조 측면에서도 초기 외부로부터 공급받았던 배터리 셀 등 핵심 기술 모두는 BMW가 직접 주도한다. 토요타가 움직임에 필요한 모든 것을 직접 만드는 것처럼 BMW도 자체 개발을 통해 시장의 주도권을 놓지 않겠다는 행보로 풀이된다. 제품력의 확대, 사용자의 편의성 증대, 그리고 주력 기술의 내재화로 미래 시장의 주도권을 가져간다는 계획이다.

이런 의도는 개발 담당도 인정한다. 슈바호퍼 개발 담당은 "2040년이면 e 모빌리티 시장이 내연 기관과 비슷한 규모로 성장할 것"이라며 "BMW 그룹 내에서 'i' 제품은 미래를 위해 매우 중요한 위치를 차지한다."고 덧붙였다. 여러 다양한 e 모빌리티 시대를 'i'로 미리 대비해 기업의 지속 가능성을 100년 이상 연장한다는 얘기다.

그래서 BMW는 테슬라 등의 행보에도 전혀 신경을 쓰지 않는다. 현장에서 만난 BMW 'i' 관계자에게 테슬라를 어떻게 생각하냐고 넌지시 물었더니 돌아온 답은 간단했다. "BMW는 테슬라에 전혀 관심이 없고, 신경도 쓰지 않는다."고 말이다. 시장을 주도하기 위해서는 단계별 접근이 필요하고, 여기에는 많은 투자와 이해적 요소가 반영돼야 하지만 테슬라는 그렇지 못하고 있음을 에둘러 표현한 말이다.

 i3 94Ah 제품 이후 BMW의 행보는 명확하다. 주행 거리를 더 늘이기 위해 배터리의 소재 밀도 개선에 집중한다는 계획이다. 피터 랄프 배터리 담당은 "2025년까지 리튬 배터리의 밀도는 계속 높아지고, 비용은 떨어질 것"이라며 "하지만 전극 소재를 활성화하는 물질의 가격이 비싼 만큼 소재의 활용성을 높이는 데 주력하되 리튬을 대체하는 다른 물질 발굴에도 나설 수밖에 없다."고 설명한다. 이를 통해 BMW가 내다보는 미래는 e 모빌리티의 주도권이다. IT 기업이 다양한 소프트웨어를 기반으로 전통적인 제조업 기반의 자동차 시장을 노리는 것 자체가 이길 수 없는 싸움임을 각인시킨다는 의미다.

 BMW는 운전의 즐거움을 타는 즐거움으로 바꾸려 노력하는 중이다. 궁극적으로 i3에 자율주행 기능을 넣으면 타는 즐거움을 가져갈 수 있다는 것이고, 이를 통해 단순히 이동수단만을 제시하는 가전 및 IT 업계의 진출을 막을 것으로 보고 있다. 그렇게 보면 이동수단의 미래는 막으려는 자동차 기업과 뚫으려는 가전 기업의 생존권이 걸린 분야로 점차 변모하는 중임을 부인하기 어려워 보인다.

BMW i3 94Ah의 주행

# 자동차,
# 명령에서 대화로

일본 혼다자동차가 IT 및 통신 기업인 소프트뱅크와 손잡고 인공지능을 이용해 말하는 자동차를 개발한다고 한다. 여기서 중요한 것은 '말하기'가 단순한 명령에 그치는 것이 아니라 **'대화'**를 한다는 점이다. 자동차가 운전자의 표정 및 말투, 음성의 미세한 차이를 읽어 내 감정을 파악하고 그에 맞는 대화를 이끌어 가는 기술에 초점이 맞추어졌다. 양사는 해당 기술이 발전하면 자동차가 운전자의 대화 상대가 될 것으로 보고 있다. 1980년대 인기리에 방영됐던 외화〈전격 Z 작전〉의 주인공 자동차인 '키트'가 현실화하는 셈이다. 당시 키트는 주인공이 부르면 오고, 운전 중에 스스럼없이 대화하며, 필요하면 먼저 해야 할 일을 제안하는 등 비록 기계지만 또 하나의 주인공으로 손색이 없었다.

그런데 자동차와 사람이 아닌 자동차와 자동차의 대화는 현실 세계에서는 이미 많이 활용되고 있다. 이른바 디지털 동행이 그것이다.

3부 새로운 탈것의 시대 **123**

아우디 e트론콰트로
콘셉트 자동차

　　한겨울 바쁜 아침, 뚝 떨어진 자동차의 내부 온도 상승을 위해 휴대전화로 시동을 미리 걸어 둔다. 출근 준비를 마치고 차에 오른 뒤 내비게이션 단말기에 목적지를 설정한다. '자동 주행' 버튼을 누른 뒤 간밤에 해외에서 온 이메일과 각종 메시지를 차 안에서 바라본다. 선바이저에 부착된 카메라를 통해 전화 통화를 하면 앞 유리에 상대방 얼굴이 뜨면서 화상 통화가 이뤄진다. 그 사이 자동차는 어느새 목적지에 도착했음을 알린다.

　　이 사례들은 현재 기술 상용화를 마친 자동차의 융합 기능으로, 자동차 디지털은 이제 인류의 눈앞까지 다가와 있다. 과거 자동차가 '성능'으로 표현되는 기계의 물리력, 그리고 디자인으로 통칭되는 시각적 자극에 치중했다면, 오늘의 자동차는 '운전'이라는 기본 역할을 줄이는 데 초점이 맞추어져 있다.

　　'**인터페이스(Interface)**'는 사물과 인간 사이의 의사소통이 가능하도록 만들어진 매개체를 의미한다. 현재 자동차 인터페이스는 센터페시아를 중심으로 한 기계와의 소통이 전부다. 다

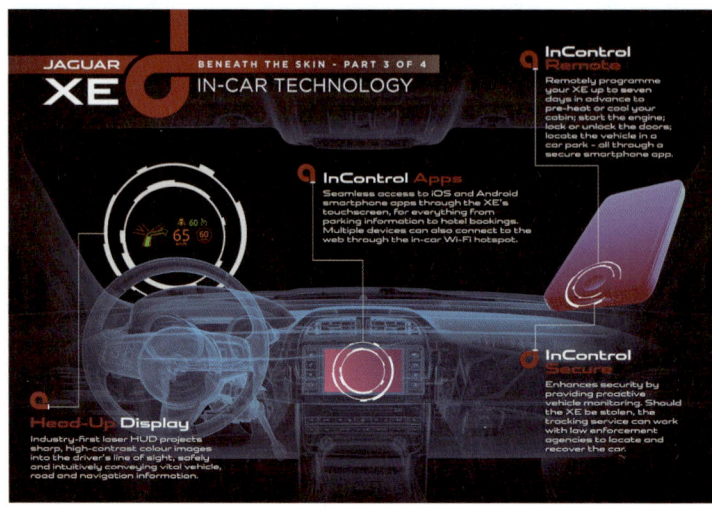

재규어 XE의
편의 장치

시 말해 운전자가 의지에 따라 직접 손을 움직여 기기를 작동시키는 방식이다. 그러나 버튼을 찾다 보면 잠시 시야를 잃을 수 있어 위험에 직면할 가능성이 커진다. 그래서 등장한 것이 'HMI(Human Machine Interface)'로 통칭하는 감성적 소통이다.

HMI는 크게 입력, 출력, 로직 부문으로 나누며, 입력 방식으로는 촉각, 비주얼, 음성 3가지 방식이 사용된다. 그러나 대부분 3가지의 적절한 혼용을 통해 소통의 편리성에 초점을 맞추고 있다.

그중에서도 디지털 시대의 대표로 떠오르는 방식은 음성이다. 음성 인식의 경우 초창기 몇 가지 단순 음성만 이해했지만 지금은 수많은 나라의 언어 발음이 허용될 만큼 언어 장벽이 무너졌다. 가벼운 대화는 물론이고, 운전자 음성의 떨림까지 알아내 감정에 대응하기도 한다. 이외 차선을 이탈했을 때 스티어링 휠에 떨림을 주는 것은 촉각의 대표 방식이며, 문자나 그림, 빛 형태의 경고를 보내는 것은 시각이다. 물론 청각은 경고음 등을 일컫는다.

콘티넨탈 HMI 콘셉트 기술

감성적 인터페이스에서 또 다른 중요한 인자는 실내 쾌적성이다. 인간은 항온 동물이어서 대사 활동에 따른 열을 방출하게 된다. 그러나 사람의 체온은 연령, 성별, 개인차, 습도, 기류, 의복, 외부 환경 등에 따라 달라지기 마련이다. 이런 이유로 현재의 풀 오토매틱 에어 컨디셔닝은 멀티 존 공조 기능으로 발전했고, 여기서 한 걸음 나아가 개인별 공조로 확대되는 추세이다.

한편으로 휴대용 스마트 기기의 발전은 자동차의 네트워크 진화를 가져왔다. 무선망 활용이 가능한 통신이 자동차에 탑재된 것은 이미 오래전 일이다. 대표적인 시스템이 바로 '텔레매틱스'다. 통신과 정보의 합성을 의미하는 텔레매틱스는 자동차와 외부를 연결하는 게 핵심이다. 현대차 '블루 링크(Blue link)', 기아차 '유보(UVO)'도 텔레매틱스의 일종이다. 예를 들어 TV

기상 캐스터가 아침부터 동장군의 기세를 알려오면 출발 5분 또는 10분 전에 자동차 엔진을 작동시킬 수 있다. 반대로 폭염이라면 에어컨을 미리 틀어 온도를 낮출 수도 있다. 주차 뒤 문을 제대로 잠갔는지 고민하지 않아도 되고, 누군가 차를 훔쳐 갔을 때를 걱정하지 않아도 된다. 위치파악은 물론 주행하던 차의 엔진도 원격으로 정지시킬 수 있다.

사고에 대한 위험성도 크게 낮춘다. 특히 텔레매틱스는 홀로 운전하다 의식을 잃었을 경우 효과를 발휘한다. 에어백이 터지는 순간 자동으로 재난 소식이 중앙센터로 전달돼 구조를 받을 수 있다. 기름이 떨어졌을 때, 타이어가 펑크 났을 때, 그리고 배터리가 방전됐을 때는 'SOS' 버튼 하나로 지원받을 수도 있다.

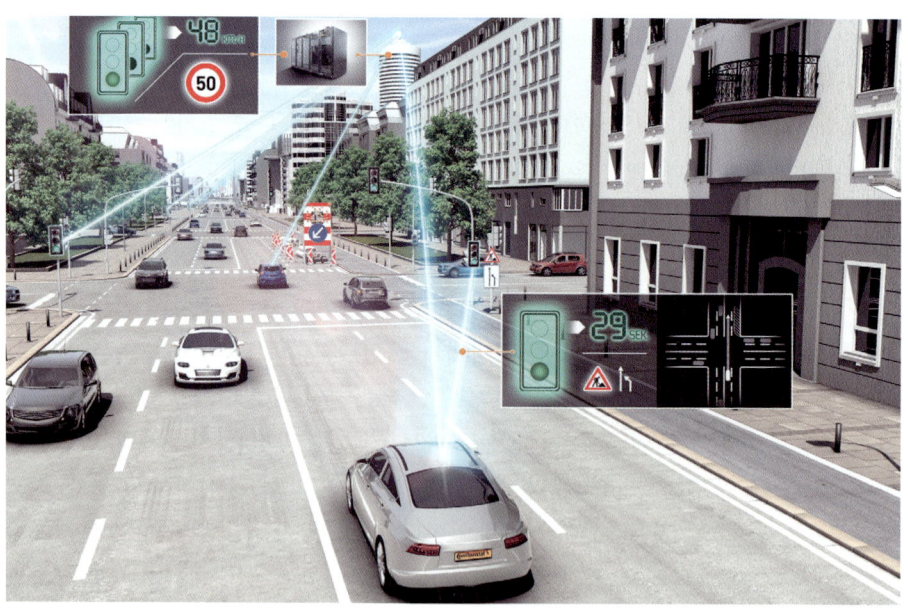

콘티넨탈 텔레매틱스 시스템

유비쿼터스(Ubiquitous)는 시간과 장소, 컴퓨터나 네트워크 여건에 구애받지 않고 자유롭게 네트워크에 접속할 수 있는 정보 기술(IT) 환경을 의미한다. 그런데 유비쿼터스가 자동차로 들어오면 자동차 자체가 하나의 통신 수단이 된다는 뜻으로 받아들여진다. 따라서 통신 매개체로서의 자동차 기능이 강화될 수밖에 없다. 예를 들어 자동차와 자동차가 서로 통신을 주고받다가 사고 위험을 감지하면 충돌 회피 기능이 발현되는 방식이다. 이미 유비쿼터스 개념의 충돌 사고 예방 기능은 완성됐고, 상용화를 위한 시험이 한창이다.

또 하나 유비쿼터스 기능은 도로와 자동차의 통신이다. 도로 자체가 지능형으로 개선될 경우 자동차가 도로와 정보를 주고받아 교통 흐름 개선 및 목적지까지 이동 시간을 크게 줄일 수 있게 된다. 80년대 TV 외화로 인기를 끌었던 '전격 Z 작전'의 주인공 자동차 '키트'가 실제로 존재할 수 있는 셈이다. 또 앞서 설명한 음성 인식 명령을 스마트폰으로 내려받아 목적지를 설정해 주면 스스로 내비게이션을 작동시키고, 지능형 도로와 소통하면서 요청한 곳까지 올 수도 있다.

이때는 똑똑한 내비게이션이 필수다. 초창기 길 찾기 기능의 내비게이션은 단순히 위성으로부터 신호를 받아 경로 안내에 집중했다. 그러나 요즘 내비게이션은 다양한 기능이 통합되는 추세다. 블랙박스와 후방 카메라, 통신 기능도 엮여 있다. 실시간 교통 정보를 수신해 가장 빠른 길을 찾아 주기도 한다. 이런 이유로 내비게이션은 결코 홀로 발전하지 않는다. 다른 영역과 결합하여 광대역 통신 단말기 역할과 다른 자동차와의 소통까지 감당해 낸다. 게다가 새로운 지도를 받는 것도 통신망을 이용해 스스로 한다. 운전자가 굳이 메모리 카드를 빼내 PC에서 내려받을 일이 없어진다는 의미다. 심지어 통합 컨트롤러를 통해 목적지를 직접 작성, 입력하는 방식도 등장했다. 컨트롤러

콘티넨탈 텔레매틱스 시스템

위에 손가락으로 글자를 쓰면 내비게이션이 해당 지역을 찾아 화면에 표시해 준다.

내비게이션은 헤드업 디스플레이(HUD)와 연동되기도 한다. 운전자가 길 안내를 받을 때 센터페시아로 시선을 돌리지 않도록 유도한다. 앞 유리에 투영된 그림이 가야 할 길의 방향을 정확히 알려 주기 때문이다.

자동차는 유비쿼터스의 실현을 위해 케이블로 연결된 장치를 없애야만 하고, 이를 위해 부품 업체들은 유기적으로 모여 센서를 통한 부품 통합에 치중하게 된다. 예를 들어 가속 페달을 밟으면 센서가 밟은 힘을 측정, 신호를 보내면 엔진으로 들어가는 공기 흡입구의 개폐량이 조절되는 방식이다. 페달뿐 아니라 속도가 오르면 스티어링 휠의 움직임이 무거워지는 것도, 코너를 돌아나갈 때 발생하는 횡력이 입력되면 서스펜션의 감쇠력이 변하는 것도 모두 전자식 신호로 해결된다. 따라서 특정한 부품 업체 홀로 유비쿼터스 시대를 열어가는 것은 사실상 불가능하다. 전통적인 기계 부품 업체라도 IT 기능과 전자 장치의 결합을 최대한 많이 끌어들여야 생존할 수 있다는 얘기다.

그래서 자동차는 점차 융합의 산물로 진화하는 중이다. 자동차 전장 기술의 발전과 지능형 자동차 개발에 따른 기술 융합이 주목받고 있어서다. 지능형 자동차 기술은 크게 안전과 운전자 편의 시스템으로 구분할 수 있다.

안전 시스템에는 주행 안전성 향상 제어, 사고 예방 및 회피, 상해 경감, 자율주행 등이 있고 운전자 편의 시스템에는 멀티미디어, 내비게이션, 공조 외에 차의 모든 정보를 알려 주는 운전자 통합 정보 시스템(DIS)과 운전자가 더욱 효율적인 방법으로 자동차와 소통할 수 있도록 지원하는 HVI(Human Vehicle Interface) 기술 등이 포함된다.

지능형 자동차는 자동차 간의 통신, 차와 인프라 간의 통신, 레이더 및 적외선 정보, 지리 정보, 카메라를 통한 영상 정보 등 다양한 방법을 사용해 자동차 내외부 상황을 인지하고, 첨단 지능형 안전/편의 시스템에 대응한다. 그중 영상 정보는 자동 주차, 표지판 인식, 전방 및 차선감지, 거리감지, 보행자 및 충돌방지, 사각인지 등에 사용되며 이를 위해 많은 연구 개발이 진행되고 있다.

국내외 전장 적용 사례를 보면 볼보나 렉서스의 경우 차선 이탈과 추돌을 막는 안전 시스템이 내장돼 레이저 센서와 카메라가 앞차와의 간격 및 차선 위치를 파악해 거리가 너무 가까우면 운전자에게 경보를 울려준다. BMW 뉴 528i 등은 초음파를 이용해 시속 35km 이하로 주행하면 차선 옆 주차 가능 공간을 자동으로 파악해주는 시스템이 내장됐다. 벤츠 S 클래스에는 운전자가 경고를 인지하지 못할 경우 진행 방향 반대쪽 바퀴에 자동으로 브레이크를 걸어 차선 안쪽으로 돌아오도록 해주는 시스템이 탑재돼 있다.

국내 차는 현대차 제네시스 Eq 900이나 기아차 K9에 앞차가 정지하면 자동으로 정치하고, 출발하면 다시 출발하는 '스마트 스톱 앤 고(Smart Stop & Go)'가 내장됐고, 기아차 쏘렌토 등에는 후측방에서 고속으로 다가오는 차를 감지하는 레이더가 설치돼 있다. 그 외에 내장된 카메라를 이용한 이탈 방지 시스템이나 시야 감지(AVM, Around-View Monitoring) 기능이 있다.

이 같은 기술 개발은 안전 운전을 돕고, 필요에 따라 예방에 초점을 맞추고 있다. 특히 교통사고의 원인 중 졸음운전이 많다는 점에서 눈의 형태 변화를 통한 졸음 판단 방법은 운전자에게 효과적이다. 비접촉 방법으로 측정해 거부감이 없고, 신뢰도가 높기 때문이다.

최근 미국 다트머스대는 스마트폰 카메라를 이용해 일반 자동차에서도 차선 이탈과 추돌을 막아주는 안전 운전용 앱(APP, Application)을 개발했다. 스마트폰과 자동차의 관계가 더 끈끈해졌다고 볼 수 있다. '카세이프(CarSafe)' 앱은 스마트폰에 있는 두 대의 카메라를 이용해 전면 카메라는 운전자 머리 위치와 눈 깜박임을 포착한다. 운전자가 졸고 있거나 주의가 산만하다고 판단되면 경보음과 함께 스마트폰 화면에 커피 아이콘을 보여준다. 후면은 앞차와의 간격과 차선 이탈을 감시한다. 자동차가 차선을 벗어나거나 앞차와의 간격이 지나치게 가까워지면 역시 경보음을 통해 위험 아이콘을 표시한다.

스마트폰을 활용한 자동차 안전 운전 기능이 개발되는 이유는 자동차 가격 때문이다. 가장 좋은 방법은 개발 단계부터 적용되는 것이지만 이 경우 찻값이 올라가기 마련이다. 하지만 어떤 기능을 사용하든 중요한 것은 자동차 운행 중 반드시 적당한 휴식을 취하는 일이다. 자동차가 제아무리 똑똑해져도, 스마트폰 앱이 지능화되어도 운전자의 신체 정보를 정확히 알 수는 없기 때문이다. 물론 앞으로는 대화가 가능한 수준까지 도달해 신체 정보까지 파악하는 디지털 헬스케어 자동차도 등장하겠지만 말이다.

자동차의 미래권력

4부

끝없는 미래
권력의 싸움

# 헤게모니는
# 누가 가져갈 것인가?

 "구글은 자동차 제조사가 될 수 없다." 디터 제체 다임러그룹 회장이 지난 2015년 이례적으로 IT 업계를 향한 강도 높은 발언을 던져 화제가 됐다. 디터 제체는 명실공히 글로벌 자동차 시장을 이끄는 리더 중 한 명이다. 그런 그가 IT 업계를 직접 겨냥, '자동차 산업의 주도권은 기존 자동차 업체가 가져갈 것'이라는 취지의 주장을 드러낸 것은 미래에 시사하는 바가 크다. 어쩌면 제체 회장을 비롯한 리더들은 자동차 생태계에서 IT 업

구글의 자율주행 차

계의 강력한 도전에 대한 강한 불안감을 숨길 수 없는 상황에까지 직면했을지도 모른다.

자동차는 점차 '정교한 기계 장치'에서 벗어나 '이동성을 지향하는 전자 기기'로 발전해 나가고 있다. 그래서 자동차의 전장화는 시대의 필연이다. 내연 기관의 동력으로 사람과 짐을 실어 나르는 단순한 이동수단은 수천 개의 반도체와 통신 장치, 각종 센서와 전자 기기를 탑재한 기계 공학과 전자 공학의 복합 장치로 변모한 지 오래다. 이런 기술적인 흐름은 제조업 전반의 지도를 바꿔 놓는 가장 중요한 지류가 됐다. 마치 강이 흐르며 주변 지형을 바꿔 놓듯 자동차 분야의 놀라운 발전은 산업 생태계 자체의 격변을 초래했다.

포드 포커스
자율주행 차

자동차의 전장화가 가속화될수록 IT 업체들은 자동차 산업 전반에서 거둬들이는 수확 중 더 많은 지분을 가져갈 수 있었다. 자동차 제조사들의 매출이 높아질수록 IT 업체 역시 창고를 그득히 채울 수 있었다. 완성차 업체에 부품을 조달하는 협력사(벤더) 중 IT 업체를 찾는 건 어렵지 않다. 반대로 기존 벤더사들의 매출 중 전장 부품이 차지하는 비중은 점차 높아지고 있다. IT

업체에 있어 자동차 산업은 중요한 시장이 됐다는 얘기다.

    이 책의 여러 단락에서 끊임없이 등장하는 자동차 업계의 뜨거운 이슈는 단연 **전기차와 자율주행 차**다. 내연 기관 자동차는 태생적으로 배출 가스를 뿜어낼 수밖에 없고, 화석연료를 태워 동력을 얻는 그 어떤 내연 기관도 대기 오염 문제에서 벗어날 수 없다. 친환경 문제가 도덕에서 생존의 분야로 넘어온 지금 전기차가 – 예상했던 것보다 시장 확대가 더딜지라도 – 미래 주요 이동수단이 될 가능성에는 이견이 없다. 여기에 자율주행 차는 각국 정부가 골머리를 앓고 있는 두 가지 문제를 해결해 줄 강력한 솔루션으로 부상하고 있다. 쉽게 말해 자율주행 차가 보급되면 길이 덜 막히고 사고 발생률도 현격히 떨어진다는 게 자동차 업계의 설명이다.

    전기차와 자율주행 차가 각광을 받을수록 자동차 업계의 손익 계산은 바빠진다. 새로운 아이템은 곧 새로운 기회다. 항상 미래 먹거리를 고민해야 하는 CEO 또한 한시라도 바삐 신제품을 성공적으로 런칭하고 시장 주도권을 잡기 위해 갖은 노력을 기울이고 있다. 하지만 문제는 적어도 자동차 업계 시각에서는 이 새로운 텃밭의 과실을 오롯이 그들이 독점할 수 없는 상황에 직면했다는 점이다. 기존 산업 구도가 IT 업체들의 영향력이 커지는 정도에 그쳤다면 새로운 자동차 생태계에서는 IT 기업이 주도권 자체를 가져갈 수 있는 상황이다. IT 업체가 기존 자동차 회사를 배제한 채 스스로 자동차를 만들어 판매하고, 자신들만의 새로운 시장을 만들어 낼 가능성도 있다.

    2014년 말 구글은 자동차 업계에 가장 강력한 경쟁자로 급부상했다. 자체 개발한 자율주행 차(Self-driving Car)의 프로토타입을 세상에 공개한 것이다. '구글 카'라는 이름의 이 자동차는 회사가 양산 가능한 수준에 접근했다고 공언할 정도로 높은 완성도를 자랑했다. 구글은 2010년 토요타 프리우스를 개조한 자율주행 차를 선보였다. 이후 4년 만에 자체 제작한 자율주행 차 구글 카를 선보였다. **구글 카는 2인용 전기차**로 스티어링 휠과 페달이 없고 시동 버튼만 탑재했다.

운전자 조작 없이 차가 스스로 교통 정보와 도로 상황을 읽고 목적지까지 정확하게 이동하는 자율주행 차는 그동안 완성차 업체에서도 연구 개발에 매진해 왔던 분야이다. 그런데 구글이 완성차 업체와 협업 없이 자체적으로 자율주행 차 제작에 성공, 자동차 업계에 비상이 걸렸다. 구글 카 프로젝트를 총괄한 크리스 엄슨은 "구글은 완성차 제조에는 관심이 없지만 5년 이내 구글 차의 상용화를 위해 완성차 제조사와 파트너십이 맺어지기를 희망한다."며 직접 생산 가능성은 없다고 선을 그었지만 이미 50만km 이상의 시험 주행을 거친 '구글 카'는 자동차 업체들에 위협이 되기 충분했다.

애플 역시 최근 'apple.auto', 'apple.car', 'apple.cars' 등 자동차 관련 도메인을 등록하고 테슬라, 크라이슬러, BMW 등의 자동차 업계 출신 인물을 대거 영입하면서 자동차 부문의 사업 영역을 넓혀가고 있다.

이후 글로벌 완성차 업체 수장들은 언론으로부터 구글에 대한 질문에 끊임없이 시달려야 했다. 역으로 이들은 구글에 대한 회사의 입장을 적극적으로 표명하고 나서기도 했다. 업계의 화두가 구글이라는 IT 업체가 된 것만으로도 각 자동차 회사가 느낀 위협의 정도를 실감케 한다.

앞서 인용한 디터 제체 회장의 발언은 2015년 미국 자동차 전문 매체 오토 블로그와의 인터뷰 중 나온 말로, 제체 회장이 IT 업체들을 잠재적인 경쟁자로 인식하고 있다는 맥락을 파악할 수 있다. 실제로 그는 최근 몇 년간 자동차 브랜드와 IT 업체들이 상호 의존적인 관계를 유지해 온 반면 미래에는 경쟁 관계가 될 수 있음도 지적했다. 자동차가 점차 다양한 소프트웨어와 센서를 늘려온 만큼 양측이 협업은 하되 다른 면에선 경쟁이 불가피하다고 본 셈이다.

특히 그는 개인 정보와 관련된 문제에서 구글과 적대적으로 돌아설 가능성이 있다는 점, 구글 등 IT 기업이 보유한 자율주행 기술이 자동차 산업을 흔들 만한 파괴력은 충분하지만, 자체적인 완성차 생산에 이르지 못할 것이라는 점 등을 예측했다.

2016 부산모터쇼에서도 자동차 산업에서 IT 업계의 영향력이 제한적일 것이란 발언이 잇따라 쏟아졌다. 권문식 현대자동차 그룹 연구개발본부장 부회장과 알버드 니스트로 메르세데스 벤츠 북미 기술개발센터 CEO는 자동차 산업의 고유 영역을 강조하면서 '구글과 애플 같은 IT 기업들이 쉽게 자동차 생태계를 바꾸지는 못할 것'이라고 입을 모았다.

모터쇼 개막을 앞두고 열린 간담회에서 현대차 그룹 권 부회장은 "구글과 애플 등이 커넥티비티(연결성)를 통해 자동차 산업과 연계하려고 한다."며 "그러나 자동차는 기본적으로 잘 달리고 잘 서는 것 등 자동차 고유의 영역을 만족해야 한다."고 설명했다. 또 "이런 기술은 10년, 20년에 생기는 게 아니며 앞으로도 계속 발전하고 발전할 것"이라며 "많은 부분이 새로운 사업자가 참여할 가능성을 열어주지만, 자동차 산업에 위협이 되진 않을 것"이라고 강조했다.

모터쇼를 위해 방한한 벤츠 알버드 CEO는 "구글과 협업한다면 생태계 자체가 달라질 것"이라면서도 "그런 회사를 만드는 것은 어려울 것"이라고 전했다. 애플이 자동차 산업에 뛰어들면 '아이폰'과 같은 혁명을 이뤄내지 않겠냐는 질문에는 "완전히 현재 자동차 산업이 끝나는 건 아니다."라며 "다만 모빌리티를 강조하게 되고 경쟁력 있는 회사가 되기 위해 배우고 경험해야 한다."고 말했다.

물론 IT 업체들의 영역 확장을 긍정적으로 보는 자동차 CEO도 적지 않다. 대표적인 인물로 카를로스 곤 르노-닛산 얼라이언스 회장이 있다. 곤 회장은 2016 뉴욕모터쇼에 참석, 기자들과 만난 자리에서 "구글 및 애플은 자동차 업계가 무엇을 할 것인지에 대한 새로운 접근법을 제시하고 있다."며 "이들 기업의 자동차 산업 진출에 따른 영역 붕괴는 걱정스러운 일이 아니다."라고 말했다.

곤 회장은 강력한 구조조정으로 르노-닛산 얼라이언스에 제2의 전성기를 불러온 인물이란 평가를 받는다. IT 업계에 대한 곤 회장의 입장 역시 '혁신'을 최우선 가치로 삼는 그의 신념과 맞닿아있다. 그럼에도 곤 회장 역시 IT 업체들이 직접 자동차 생산에 뛰어들지에 대해선 부정적이다. 오히려 고부가가치를 지닌 기술 솔루션을 완성차 회사에 제공하는 역할을 선호할 것으로 보고 있다. "구글과 애플이 완성차 회사가 되고자 한다면 진작 그랬을 것이며, 그들은 이미 자동차 회사 몇 개를 인수할

BMW와 인텔의 제휴

정도로 충분한 자금을 가지고 있다."라는 말에선 일종의 낙관주의적 사고까지 느껴진다.

최근 IT 업체들의 행보도 '자립'보다는 '더 강한 협력' 쪽에 힘이 실리는 듯하다. 2015년 말 포드와 구글이 자율주행 차 분야에서 손을 잡으며 자동차와 IT 업계의 경쟁 구도는 다소 무뎌지는 모습이다. 흥미로운 건 이번 협력안을 끌어낸 인물이 앨런 멀랠리 구글 이사회 멤버와 존 크래프칙 구글 자율주행 차 사업부문장이라는 점이다. 앨런 멀랠리는 2006년부터 2014년까지 포드 사장, CEO, 이사회 멤버 등을 거치며 미국 '빅 3'를 이끌어 온 핵심 인물이었다. 존 크래프칙 역시 대차 미국법인 CEO 등 자동차 업계에 몸담았던 바 있다. 업계의 생리를 잘 알고 있는 이 두 인물이 구글의 독자적 행보만으로는 자율주행 차 시장 진입이 어렵다는 판단에 힘을 실었으리란 예상이 가능한 대목이다.

확실한 건 140년 동안 자동차가 주도해 온 이동수단의 패러다임이 급격히 변하고 있다는 점이다. 산업 초기 내연 기관에 밀려 자취를 감췄던 전기 모터는 배터리 기술의 발전을 기반으로 새로운 동력으로 다시 떠오르고 있다. 전기 모터는 내연 기관보다 구조가 단순해 진입 장벽이 낮다. 즉, 전기차가 성장할수록 자동차 업체들 입장에선 '누구나 자동차를 만들 수 있는' 위험한(?) 시대가 도래하는 것이다. 3D 프린터로 만든 차체에 전기 모터와 배터리를 장착하면 비교적 손쉽게 전기차가 만들어지는데, 부품 수도 획기적으로 줄어드는 만큼 생산 라인 확보도 용이하다. 통상 기존 자동차가 적게는 4만 개에서 많게는 10만 개 이상의 부품이 필요하다면, 전기차는 1만 개 내외의 부품이면 충분할 것이다.

여기에 자율주행 차에 이르러서는 자동차 업체들이 주도권을 쥐고 있기 어렵다. 실시간으로 자동차의 위치를 확인하는 GPS부터 주행 경로를 파악하고 계산하는 내비게이션, 외부 환경을 감지하는 센서와 레이더 및 라이다(Lidar), 이런 모든 정보를 분석하고 판단하는 통합 제어 기술 등은 IT 업계의 주 종목이다.

숨 막힐 정도로 빠른 기술의 발전에도 불구하고 자동차 업계에서는 IT 업체들이 미래 자동차의 주도권을 잡을지에 대해 부정적이다. 아이러니하게도 IT 업계에서 시작된 혁신의 흐름으로부터 기존 자동차 업체들을 지켜주는 건 '보수성'이다. 유수의 자동차 브랜드들이 저마다 오래된 역사를 앞세우고, 시장에서 신규 업체들이 자리 잡기까지 얼마나 어려운지를 상기해본다면 IT 업체들이 직접 자동차 시장에 뛰어들기가 얼마나 소원할지 어렵지 않게 짐작할 수 있다.

생산 면에서는 또 어떤가. 완성차 업체들은 품질 관리 면에서 상당히 보수적인 것으로 유명하다. 통상 한 가지 간단한 부품을 실제 완성차에 적용하기까지 3~4년의 품질 인증 기간이 필요하다. 자동차라는 게 거칠게 이야기하면 수천kg에 이르는 쇳덩어리가 시속 100km 이상의 속도로 달리는 위험한 물건이다. 나사 하나가 잘못되어 큰 사고가 일어날 수도 있고, 작은 부품 하나 때문에 생산 라인이 멈추면 완성차 회사로서는 1분당 수천만 원의 손실을 감내해야 한다. 생산 노하우가 적은 IT 기업들이 이를 감당할 수 있겠냐는 게 자동차 업계의 중론이다.

# 연결과
# 단절 사이

자율주행 차를 놓고 보는 시각은 업계마다 다르다. 구글, 애플 등 IT 업계는 새로 공략해야 하는 입장인 반면 완성차 업계는 이들을 방어해야 하는 입장이다. 그러나 협업을 통해 동반 성장을 지향하는 사례도 이미 다양하다. 먼저 포드와 구글은 자율주행 차 분야에서 손을 맞잡았다. 포드의 자동차 하드웨어에 구글의 다양한 소프트웨어를 접목해 자율주행에서 한발 앞서가겠다는 전략적 판단이 작용한 결과다.

결합을 성사시킨 인물은 다름 아닌 자동차 기업 출신들이다. 이들은 과거 자동차 회사에 몸담았던 경험을 앞세워 구글의 독자적 행보만으로는 자율주행 차 시장 진입이 어렵다고 판단, 포드와 협업을 끌어냈다. 포드가 만든 심장(전기 모터, 엔진)과 몸(차체)에 구글의 머리(소프트웨어)를 얹는 프로젝트로 자율주행 차 분야를 이끌겠다는 복안이다.

르노-닛산 얼라이언스도 IT 업계에 대한 완성차 회사들의 긴장 완화를 염두에 두고 있다. 르노-닛산 카를로스 곤 회장은

"구글과 애플은 자동차 업계가 무엇을 할 것인지에 대한 새로운 접근법을 제시하고 있다."며 "이들 기업의 자동차 산업 진출에 따른 영역 붕괴는 걱정스러운 일이 아니다."라는 점을 강조했다. 그러나 곤 회장은 이들의 잠재 이익이 적어 완성차 회사로 거듭나기를 원하지 않을 것이라고 말했다. 앞 장에서 말했듯, 오히려 완성차 회사에 고부가 가치를 지닌 기술 솔루션을 제공하는 역할을 선호할 것이란 의미다.

리프트와 GM의 협업

따라서 자동차 업계는 이러한 혁신적인 기업을 포용해야 한다는 게 곤 회장의 생각이다. 그는 "전장화와 자율주행, 커넥티비티 등 이 세 가지 키워드는 우리가 단지 상상하기만 했던 방식으로 업계를 변화시키고 있으며, 지난 50년보다 향후 5년이 자동차 업계에 더 큰 변화를 가져올 것"이란 견해를 보인다. "구글과 애플 같은 새로운 경쟁자는 업계를 더욱 건강하게 만들며, 두 업계가 서로에게 배울 점이 많다."라는 점에서다.

GM은 조금 다른 자율주행 차 전략을 펼치고 있다. 미국 내 승차 공유 서비스 업체인 리프트와 손잡고 전기차 볼트를 활용해 '**자율주행 택시**' 사업에 박차를 가하고 있다. 소비자가 스마트폰으로 차를 호출하면 운전자 없이 스스로 승객을 찾아가 태우고 이동하는 시스템이다. 이를 위해 전기차에 고용량 배터리를 넣어 주행 거리를 300km 이상으로 늘이는 등 시장 지배력 강화를 위한 행보에 나섰다. 전통적인 내연 기관 사업에서 벌어들인 수익으로 EV, 자율주행 시장을 개척해 테슬라 같은 수익이 없는 EV 사업자를 압도한다는 방침이다.

GM의 이 같은 행보는 전통적인 자동차 제조와 서비스, IT를 동시에 지배하겠다는 전략이라는 게 업계의 시각이다. 자동차 사업의 본질은 제조이고, 제품은 어딘가에 공급해야 한다는 점에서 공유 서비스를 새로운 공급처로 삼은 셈이다. 여기에 IT 기업을 인수해 지능을 넣으면 구글이나 애플 등의 자동차 사업 진입을 원천 차단할 수 있다는 판단도 작용했다는 분석이다.

GM 메리바라 CEO

반면 IT 업계를 경계하는 목소리도 적지 않다. 다임러 그룹의 디터 제체 회장은 "구글은 자율주행 시스템을 앞세워 자동차를 이용하는 방법을 연구하지만 정작 자동차 제조사가 될 수는 없다."고 하였다. 구글이 가정과 사무실 등 사람들이 시간을 보

다임러 그룹
디터 제체 회장

내는 장소를 연구하는 것과 같은 맥락으로, 구글이 자율주행 기술과 관련 서비스로 자동차 시장을 흔들 만한 파괴력은 있지만, 완성차 생산은 하지 못할 것으로 관측했다.

더불어 제체 회장은 최근 몇 년간 자동차 브랜드와 IT 업체들이 상호의존적인 관계를 유지해온 반면 미래에는 경쟁 관계가 될 수 있음도 지적했다. 자동차가 점차 다양한 소프트웨어와 센서를 늘려온 만큼 양측이 협업은 하되 다른 면에서 경쟁이 불가피하다고 본 것이다. 특히 그는 개인 정보와 관련된 문제에서 구글과 적대적으로 돌아설 가능성이 있다고 예측했다. 제체 회장은 "메르세데스 벤츠의 뛰어난 안정성은 신체적인 사고뿐 아니라 개인 정보를 보호하는 것도 포함한다."며 "그러자면 우리가 통제권을 유지해야 하는데, 구글이 개인 정보를 수집할 때는 그렇게 할 수 없다."고 전했다.

IT 업계의 진출에 맞서 자동차 제조사들이 공동 전선을 구축하는 모습도 관측된다. 2017년 포드와 토요타가 비영리단체

스마트디바이스링크(SmartDeviceLink, SDL) 컨소시엄을 결성, 자동차와 스마트폰 연결을 위한 오픈소스 형식의 커넥티드 카 소프트웨어 플랫폼을 공동 개발키로 했다. 자동차를 외부와 연결하는 데 있어 스마트폰이 중요하다는 점에서 연결의 기반이 되는 소프트웨어 플랫폼을 공동 개발, 2018년부터 사용할 계획이다. 이를 통해 애플과 구글 등의 자동차 소프트웨어 진출에 방어벽을 친다는 방침이다.

이 프로젝트에는 토요타뿐 아니라 마쓰다, PSA, 후지중공업, 스즈키 등도 참여한다. 프로젝트에 최대한 많은 완성차 회사를 참여시켜 곧 개발할 소프트웨어를 향후 커넥티드 카 분야의 글로벌 표준으로 삼겠다는 복안이다. 단순히 제조물을 만드는 것 외에 최근 구글이나 애플 등의 자동차 진출을 막기 위해 커넥티드 소프트웨어를 일종의 플랫폼으로 활용하는 것이 전략적으로 필요해서다.

실제 양사는 컨소시엄을 통해 개발된 S/W 플랫폼으로 소비자에게 더욱 많은 커넥티드 카 시스템 선택권을 제공할 계획이다. 토요타는 이전부터 자동차용 인포테인먼트 시스템인 애플의 카플레이나 구글의 안드로이드 오토를 제공하지 않고 있으며, 포드 또한 애플과 구글에 대응해 2013년 앱 링크 시스템을 출시한 바 있다. 다시 말해 구글 및 애플의 별도 소프트웨어를 연동시키는 것보다 둘 모두를 호환할 수 있는 소프트웨어를 자동차 회사가 개발, 연결해주겠다는 뜻이다.

이번 양사의 협업은 향후 커넥티드 기술 개발의 방향을 가늠하는 데 매우 중요한 잣대로 평가되고 있다. 글로벌 커넥티드 소프트웨어 시장이 크게 세 가지 축으로 구성된다는 의미여서다. 먼저 GM 등은 애플 카플레이 등의 연동을 강화하고 있다. 지금은 스마트폰을 센터페시아 모니터에 미러링하는 수준이지만 최근 쉐보레 스파크와 트랙스, 크루즈 등에는 스마트폰과 보다 많은 기능이 연동되도록 하면서 IT 회사와 협력을 강화하고 있다. 현대차 또한 일부 차종에 카플레이 또는 안드로이드 오토를 적용하며 선택적 조율을 하는 중이다.

반면 토요타는 애플 및 구글이 주도하는 커넥티드 소프트웨어 활용에 부정적인 입장이다. 모든 제조사가 애플이나 구글을 따를 필요가 없는 데다 지구촌 곳곳에서 사용되는 스마트폰 또한 여전히 다양해서다. 게다가 중국 시장에서 카플레이나 안드로이드 오토가 사용되지 못한다는 점도 고려, 자동차 회사가 표준 플랫폼을 제공하면 모든 문제가 해결된다는 입장이다.

구글과 애플, 이 두 회사는 이미 각각 안드로이드 오토와 카플레이로 자동차 인포테인먼트 시스템 장악에 나서 왔다. 게다가 자율주행 차와 스마트카 분야에서도 눈에 띄는 행보를 보여 완성차 회사의 경계를 받았다. 구글은 현재 자율주행 부문에 있어 가장 앞선 기술을 보유한 것으로 평가받고 있으며 애플의 경우 테슬라, 크라이슬러, BMW 등의 자동차 출신 인물을 대거 영입하면서 자동차 부문의 사업 영역을 넓혀 가고 있다.

IT 업계는 연결성을 통해 자동차 산업과 연계하려고 하는데, 한때 자동차와 맞설 것으로 전망됐던 IT가 자동차 회사와 손잡은 이유는 명확하다. 관련 기술을 적용할 분야 가운데 자동

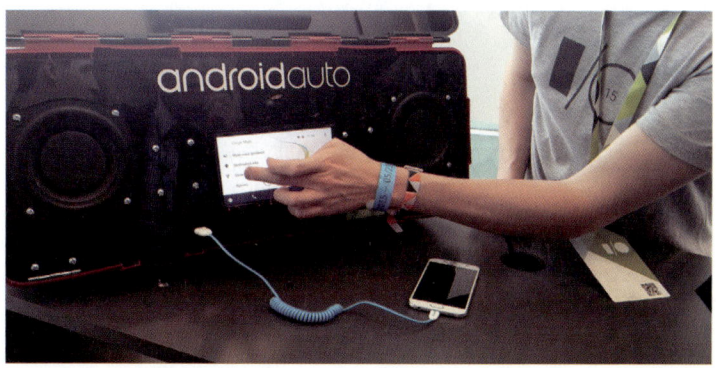

안드로이드
오토 시연

차만큼 방대한 시장이 없어서다. 물론 로봇에도 활용할 수 있지만, 일반적인 개념에서 로봇 산업은 아직 규모가 크지 않다. 따라서 지속 가능성을 내다보아야 하는 IT 기업 입장에서는 자동차 분야가 매력적일 수밖에 없다.

실제 이런 작업은 이미 시작됐다. 휴대전화와 자동차 인포테인먼트 모니터를 연결하는 미러링 서비스가 제공되고 있으며, IT 기업의 지도 서비스를 자동차에서 손쉽게 활용할 수도 있다. 요즘 화두처럼 떠오르는 '자율주행'이 생활 속에 조용히 자리를 잡아간다는 얘기다. 쉽게 보면 자율주행이 다가올 미래에 완성될 것처럼 소란스럽지만 자율주행 개념은 이미 오래전에 등장했고, 지금도 진행형이고, 앞으로도 계속 발전해 간다는 뜻이다. 인간의 순간 판단력에 버금가는 지능 개발 노력이 끊이지 않기 때문이다.

여기서 놓치지 말아야 점은 변화의 속도다. 자율주행으로 전환되는 속도가 가속화되고 있어서다. 지금의 추세라면 2030년엔 자율주행이 아니라 모든 기계가 '자율'로 움직일 수 있는 세상이 올 수도 있다. 그래서 자율주행의 끝은 기계가 인간을 지배하는 세상이라고 말하는 미래학자도 적지 않다. 자동차 스스로 방대한 주행 데이터를 분석해 활용하는 '**머신 러닝**(Machine Learning)'이 시작됐으니 말이다.

자율주행은 물류 혁신에도 기여를 하게 된다. 2016년 스웨덴 고텐버그(Gothenburg)에서 만난 볼보 트럭의 클라스 닐슨 사장은 현실적인 미래 전략을 강조했다. 자율주행으로 여러 대의 트럭이 대열 주행을 통하여 공기 저항을 줄이는, 이른바 '플래투닝(Platooning)' 프로젝트를 제시했다. 선두 차량을 따라 자율주행하는 것으로, 물류 업계에 큰 변화를 가져올 수 있다고 설명

BMW 7
센터페시아
모니터

했다. 한 명의 운전자만 있으면 나머지 트럭이 따라오게 되어 있어 '트럭 기차'로 불리는 이 시스템은 국가별 법규, 사회적 인식 등의 장벽이 해결되면 물류 체계를 극대화할 수 있는 기술이다.

사실 지금 우리가 가깝거나 먼 미래를 떠올릴 수 있는 건 최근 부분적 자율주행 기술이 적용된 자동차들이 도로를 달리면서다. 그리고 자율주행, 아니 자율 기계의 시대가 성큼 다가왔음을 어렵지 않게 경험할 수 있어서다. 그런데 그들은 이미 왔다, 사용자가 인식하지 못할 뿐이다!

# 자동차, 기계로 보는 시대는 저물고 있다

　자동차에 들어갈 통신의 표준 규격을 놓고 또 하나의 글로벌 전쟁이 벌어지고 있다. 자율주행 차가 되려면 반드시 수반돼야 할 통신의 방식을 놓고 미국 내에서 다양한 주장이 오가는 것. 미국 시장이 지닌 상징성이 크다는 점에서 미국 내 통신 방식 논란은 한국도 주목하지 않을 수 없는 대목이다.

　최근 미국 고속도로안전협회(NHTSA)는 자동차와 자동차가 서로 통신으로 연결되는, 이른바 'V2V(Vehicle to Vehicle)'를 위해 '단거리 전용통신(Dedicated Short-range Communications, DSRC)' 방식이 적용된 단말기 의무 부착을 4년 이내에 완료하겠다는 입장을 발표했다. DSRC는 지능형 교통 체계를 이용한 단거리 전용 통신으로 미국은 1999년, 유럽은 2008년부터 채택해 운용해오고 있다. 전자 요금 징수 분야에 주로 사용되는 만큼 NHTSA는 자동차 사이의 대화가 가능한 언어로 DSRC를 채택하면 연간 1,300명의 교통사고 사망자를 줄일 수 있어 2019년을 시작으로 2023년까지 모든 신차에 넣겠다는 방침이다.

그런데 미국 정부의 이런 계획을 두고 업종 간 이해관계가 첨예하게 대립하고 있다. 먼저 글로벌 자동차 회사들의 이해 단체인 국제자동차제조협회(AIAM)는 DSRC에 투자된 10억 달러의 민간 투자비용을 고려할 때 최대한 서둘러 도입돼야 한다는 목소리를 내놨다. 자동차 간의 통신이 가능해야 자율주행 기술개발이 지금보다 훨씬 빨리 이뤄진다는 논리다. 여러 글로벌 자동차 회사가 이미 비용을 투자한 만큼 의무화를 미루는 것 자체가 곧 손해를 줄이는 것으로 여기기 때문이다.

반면 미국 내 완성차 업체들은 최근 사회적 문제로 부각된 해킹을 이유로 통신 단말기 의무화는 시기상조라는 자세를 취하고 있다. 굳이 통신이 들어가지 않은 상황에서도 일부 차종의 해킹이 이뤄지는 만큼 이 부분에 대한 대비책이 우선이라는 얘기다. 그러나 여기에는 해킹에 따른 문제가 발생할 때 제조사의 책임으로 번질 수 있다는 우려가 깔려 있다. 실제 지난 2015년 미국의 IT 전문지 '와이어드'는 화이트 해커와 함께 18km 떨어진 짚 체로키의 해킹을 시도했고, 그 결과 속도와 방향을 자유자재로 움직이는 데 성공했다. 이에 따라 FCA는 140만 대의 소프트웨어 보안 업데이트 리콜을 시행해야만 했다. 따라서 DSRC가 의무화되면 해킹에 따른 원격 접속이 범죄 등에 악용될 수 있고, 이때 원인 제공자로 자동차 제조사가 지목될 수 있는 만큼 확실한 보안 대책이 세워진 후에 의무화가 뒤따라야 한다는 주장이다.

또 하나, 이해의 목소리는 통신 방식인 DSRC에 대한 비판적 시각이다. 1999년부터 사용됐지만, 점차 늘어날 자동차 간의 통신 데이터를 처리하기에는 구형 기술이라는 것. 이런 입장에는 주로 통신 기업이 한목소리를 내는데, 이들은 5G 이동통신이 DSRC보다 훨씬 빠르고, 데이터 전송량도 많다는 점에서

5G가 보급될 때까지 DSRC 방식의 의무화는 보류돼야 한다고 주장한다. 게다가 최근 BMW 등을 비롯한 완성차 업체들이 자율주행 과정에서 필요한 연결성(Connectivity)을 위해 5G 통신망을 적극적으로 채택한다는 점도 이런 주장에 힘이 실리는 대목이다. 통신 기업으로서는 차세대 먹거리인 자동차 통신에 있어 DSRC 관련 기업의 참여를 원천 배제하려는 의도다.

그래서 자동차도 이제는 하나의 새로운 플랫폼(Platform) 시대로 진화하고 있다. 지금까지 자동차에서 플랫폼은 140년 동안 섀시, 엔진, 변속기 등의 기계적인 의미가 전부였다. 하지만 앞으로는 통신, 콘텐츠, 디자인 등의 플랫폼이 더 부각되는 시대로 바뀌고 있다. 이는 통신 기업에는 차세대 통신 이용량을 늘릴 수 있는 플랫폼이고, 콘텐츠 기업에는 자율주행으로 갈 때 탑승자가 필요한 정보를 얻는 플랫폼이다. 그리고 유통 기업은 새로운 온라인 쇼핑몰 플랫폼으로 자동차를 활용할 수도 있다. 말 그대로 자동차의 전통 개념 자체가 흔들리는 시대로 변해가는 중이다.

이런 이유로 자동차에서 4차 산업혁명은 자동차를 더 이상 운송 수단으로 바라보지 않아야 한다는 시각이 전제되기 마련이다. 움직이는 집, 움직이는 사무실, 움직이는 쇼핑몰, 움직이는 미디어로 자동차를 바라볼 때 새로운 기회가 만들어진다는 얘기다. 이를 두고 최근 만난 카이스트 바이오 및 뇌공학자 정재승 교수는 이런 말을 했다. "이동수단, 탈것이었던 자동차의 내부를 거대한 인공지능 플랫폼으로 만들어주면 지금까지 생각했던 것과 완전히 다른 방식의 삶이 만들어지고, 이를 소비자가 경험하게 될 텐데 이때 생존하려면 지금 무엇을 해야 하는지 고민해야 한다."고 말이다. 그리고 그 시간은 그리 오래 걸리지 않는다고……

# 막으려는 자와 뚫으려는 자

 삼성전자가 2015년 12월 9일 조직을 개편했다. 지원 조직을 축소하고 인력과 자원을 현장에 집중하기로 한 것이다. 경영지원실 산하에 있는 조직 대부분을 없애거나 통합했다. 하지만 이런 상황에서도 신설한 곳이 바로 전장 사업팀이다. **전장**은 자동차에 들어가는 모든 전기나 전자, 정보 기술 장치를 의미한다. 예를 들면 텔레매틱스, 중앙정보처리 장치, 자동차용 반도체 같은 것들이다.

전장 사업에 진출한 삼성전자

삼성전자는 전장 사업 진출을 공식화하면서 '단기간 내 역량 확보'를 강조했다. 전문가들은 그간 삼성이 힘을 키워 왔던 패스트 팔로워 전략을 구사하겠다는 의미로 해석했다. 방식은 인수합병(M&A)으로 점쳐졌다. 실제 2016년 8월 삼성전자가 피아트크라이슬러오토모티브(FCA)의 부품 계열사인 마그네티 마렐리를 인수할 것이라는 소식이 전해졌다. 인수 금액은 자그마치 4조 원에 달했다. 마그네티 마렐리는 자동차용 조명을 비롯해 인포테인먼트와 텔레매틱스 사업 부문을 갖췄으며, 2015년 매출은 약 8조 9,500억 원이다.

그동안 삼성의 성장 전략에 미루어 봤을 때 부품사 M&A는 충분히 예상 가능했던 시나리오다. 삼성이란 브랜드의 규모와 지위를 고려하면 진출 초기라 해도 3~4차 협력사로 진입하는 건 어울리지 않는다. 게다가 아무리 삼성이라 하더라도 검증이 되지 않은 초짜 사업부를 완성차 업체가 1차 협력사로 받아 줄 리가 없다. 따라서 이미 1차 협력사로 올라서 있는 부품 기업을 인수할 것이란 예상은 어렵지 않았다. 무엇보다 회사를 인수

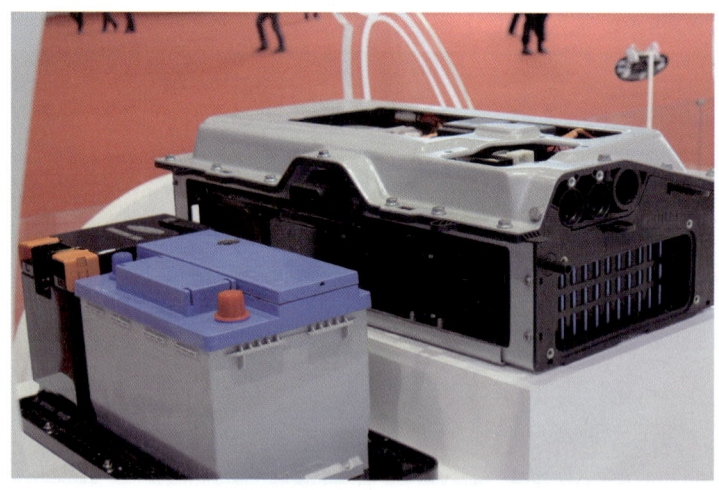

삼성 배터리

할 경우 유럽 등에 안정적인 납품처를 갖게 된다는 장점이 있다.

미국 시장 조사 기관인 스트래티지애널리틱스에 따르면 세계 스마트카 시장 규모는 오는 2017년 약 310조 원을 넘어설 것으로 예측된다. 또 맥킨지가 2013년 내놓은 보고서에 따르면 자동차 제조원가에서 차지하는 전장 부품의 비율은 2010년 35%에서 2015년 40%로, 2030년엔 50%까지 늘어날 전망이다. 앞으로의 자동차는 단순히 '달리는 기계 장치'가 아니라 '똑똑한 전자 장치'가 될 것을 뜻하는 대목이다.

스마트 자동차는 자동차 산업과 IT, 통신 등 전자 기술의 융합을 끌어냈다. 현재도 자동차 1대당 70여 개의 전자 제어 장치와 1억 개 이상의 소프트웨어가 탑재되고 있다. 고가의 차일수록 전장 비중은 더 높다. 자율주행 차 또는 전기차의 시대가 다가올수록 이러한 흐름은 가속화될 것이다. 자율주행 차는 레이더와 라이다, 카메라 등을 통해 주행 정보를 얻고 반도체가 이를 제어한다. 전기차는 전통적인 자동차와 달리 내연 기관이 아예 없다. 배터리와 모터가 그 역할을 대체한다.

이런 점에서 삼성전자의 자동차 전장 사업 진출은 필연이라는 목소리가 많다. 하드웨어와 소프트웨어, 배터리를 다 가지고 있는 상태이기 때문이다. 삼성은 이미 삼성SDI와 삼성전기 등을 통해서 전장을 납품하고 있다. 삼성SDI는 BMW 등에 전기차용 배터리를 제공하고, 삼성전기는 카메라 모듈, 적층 세라믹 콘덴서 등을 생산한다. 여기에 미래 자율주행 차 두뇌에 해당하는 반도체도 갖췄다. 삼성전자는 아우디와 함께 자동차용 반도체를 개발하기 위해 **진보적 반도체 프로그램**'에 참여하기도 했다. 인포테인먼트로 시작해 어느 정도 가시적 성과를 내면 반도체 기술을 활용해 얼마든지 자율주행 차 시장에 뛰어들 기반이 마련되었다는 얘기다. 결국 구글이나 애플과 같이 사물인터넷을 통한 자율주행 차를 장기적 전략으로 가지고, 처음부터 그 목적을 이루기는 어렵기 때문에 자동차 전장 사업을 통해 차근차근 단계를 밟는 것이라고 볼 수 있다.

　삼성전자는 '인포테인먼트와 자율주행 중심으로 역량을 집중할 것'이라고 밝힌 바 있다. 인포테인먼트는 인포메이션과 엔터테인먼트의 합성어다. 내비게이션이나 오디오 시스템을 생각하면 쉽다. 이는 삼성전자가 이미 진출한 사업이기도 하다. 디스플레이와 오디오가 합쳐진, 바로 태블릿 PC다. 삼성전자는 가장 먼저 태블릿 PC를 활용한 인포테인먼트 사업에 전념할 전망이다. 실제 회사는 이 분야에서 첫 제품을 선보였다. 2015년 10월 출시된 BMW 7 시리즈에 터치 커맨드 시스템을 제공한 것. 삼성전자 태블릿 PC로 자동차 좌석 조절, 냉난방 컴포트 기능, 라디오 및 동영상 등을 실행할 수 있다.
　이보다 진보한 프로그램도 준비 중이다. 스마트폰 활용이 가능한 '미러 링크' 시스템이다. 삼성전자는 올해 3월 스페인 바르셀로나에서 열린 모바일 월드 콩그레스 현장에서 세아트와 자동차용 인포테인먼트 시스템 구축을 위한 협약을 체결했다.

　자율주행 차는 좀 더 상위의 목표다. 자율주행 차는 카메라 등 주행 환경 인식 장치와 자동 항법 장치를 바탕으로 조향과 가속, 변속, 제동을 스스로 제어해 목적지까지 주행하는 차다. BMW와 아우디, 메르세데스 벤츠 등 자동차 제조사는 물론이고 구글과 애플 등 IT 기업들도 자율주행 차 기술 확보에 전사적으로 매달리고 있다.
　자율주행 차의 핵심은 4가지 정도다. 레이더와 라이다, 카메라, 반도체 등을 꼽을 수 있다. 앞서 말했듯 삼성은 반도체에서 세계 최고 수준의 기술을 확보했다. 따라서 아직 미진한 레이더나 라이다보다는 자동차용 반도체 개발에 먼저 손을 뻗칠 가능성이 크다.

삼성이 자동차 사업에 진출한다는 것은 이미 준비된 발표였다. 미국에서 낸 특허 3분의 2가 전기차 또는 자동차 전장 부품과 관련된 것이었기 때문이다. 스마트카 시장은 스마트폰에 이어 삼성의 차세대 성장 동력으로 주목받고 있다. 특히 삼성 그룹 내 다른 전장, 전기차 관련 기업들과의 사업 집적화 이슈가 관심을 끌고 있다. 우선 삼성전기는 IT 기반의 전장 부품 업체 중 매출액 및 수주 규모 면에서 가장 앞선 LG 이토넥과 유사한 포트폴리오를 보유한다. 카메라 모듈, PCB, 무선 통신 모듈 등이다. 베트남 법인 중심으로 스마트폰 사업을 강화하는 한편, 신규 성장 동력 확보를 위해 전장 부품 사업 확대를 추진 중이다. 2014년 12월 신사업 추진팀을 신설한 후 전장 부품 사업을 확장하고 있다.

자동차용 후방 카메라 모듈은 2015년부터 생산했다. 2015년 자동차용 카메라 모듈 시장 규모는 4조 원, 자동차용 MLCC 규모는 1.2조 원을 달성했다. 자동차 1대당 카메라 모듈 장착 대수 증가 및 자동차용 MLCC 소요량 증가로 인해 지속적인 성장이 예상되는 부분이다. 더불어 자동차용 무선 충전, 무선 통신 모듈, 센서 등에 대한 개발을 진행하고 있어서 삼성전자 계열사 중에서는 가장 다양한 전장 부품 솔루션을 보유할 것으로 전망된다.

삼성SDI는 반도체 AMOLED용 전자재료 사업을 제외하면 실질적으로 2차전지에 모든 역량을 쏟을 계획이다. 이미 양극활 물질 내재화 비중 확대를 위한 2차전지 소재 사업을 삼성정밀화학으로부터 양수했고, 오스트리아의 마그나로부터 전기차용 배터리팩 사업을 인수했다. 삼성SDI는 현금 유입액 대부분을 전기차 배터리 사업 확대를 위해 사용할 예정이며, 2020년까지 3조 원을 투자한다. 전기차 배터리 시장은 2015년 212억 달러에서 2020년 630억 달러로 성장이 예상된다.

 삼성SDI의 중대형 2차 전지 매출액 규모는 5,500억 원 수준이다. 2016년엔 1조 원에 육박할 것으로 예상한다. 현재 30여 개에 달하는 고객사를 확보했으며, 메르세데스 벤츠와 BMW, 아우디 등에 전기차 배터리를 공급하고 있다.

 이처럼 삼성전기의 각종 센서류 및 자동차용 MLCC(적층세라믹콘덴서) 등은 삼성전자가 반드시 가져가야 할 아이템들이다. 또 삼성SDI의 배터리는 전기차 및 핵심 경쟁력이 될 것이다. 따라서 삼성전자 입장에선 흩어져 있는 본격 시너지 창출을 위해 전자, 자동차 관련 사업을 하나로 묶기 위한 움직임이 있을 가능성이 크다.

 삼성전자의 전장 사업 진출에 대해 대체로 긍정적인 평가가 나온다. **미래 자동차 시장은 반도체와 센서 등 전장 부품을 중심으로 기술 혁신이 일어날 것**이란 경로가 비교적 잘 보이면서도 규모가 크기 때문이다. 하지만 전자와 달리 자동차 산업이란 특수성을 잘 이해할 필요가 있다는 게 전문가들의 판단이다. 세계적으로 10여 개에 달하는 완성차 업체들이 시장의 가치를 통제 및 관리하고 있기 때문이다.

 현재 삼성전자는 어떠한 사슬에도 포함되지 않는다. 게다가 완성차 업계는 삼성전자의 완성차 사업 진출을 우려하고 있다. 일차적으로 자동차 부품을 공급하기 위해서는 완성차 업체의 신뢰를 얻어야 하고, 기획 및 설계 단계부터 참여해 수많은 시험을 통과해야 한다. 완성차 업체를 얼마나 빨리 고객으로 확보할 수 있느냐에 성공 여부가 달려 있다.

특히 자동차 전장 부품은 사람의 목숨이 달린 사업인 만큼 쉽게 협력사를 바꾸지 않는 경향이 있다. 삼성전자라고 해도 과거에 구축된 협력 관계를 끊고 진입하기가 쉽지 않을 것이란 의미다. 따라서 초기에는 B2B 사업을 위한 기반을 마련하는 것이 중요하다. 더불어 기존 완성차 회사나 부품 회사가 차지하고 있는 시장을 잠식하는 것이 아닌, 상호 이득을 취할 수 있는 새로운 시장을 만들어 내는 사업을 추진해야 한다. 최근 자동차 산업의 주요 트렌드는 친환경과 안전, 공유 경제 등이다. 수소연료전지나 전기차의 경우 투자를 많이 해야 하고, 불확실성이 커서 완성차 업체들도 공동 개발 전략을 택하고 있다. 또 안전성 향상을 위한 운전자 보조 및 자율주행 기술은 계속해서 활발히 연구되는 중이어서 더 늦기 전에 기술을 확보하고 지식 재산권의 장벽을 뚫는 것이 중요하다.

마지막으로 공유 경제의 확산으로 자동차 소유를 대체하는 공유 서비스가 관심을 얻고 있지만, 완성차 업체는 아직 적극적이지 않다. 따라서 이러한 시장 상황을 공략한다면 충분히 자신만의 역할을 찾을 수 있을 것으로 보인다.

삼성전자가 확고한 의지를 다지고 사업을 추진한다면 분명 어느 정도의 성과는 거둘 것이라는 분석이 중론이다. 특히 자동차 전장 사업에서 시장을 선도할 수준이 되려면 상당한 투자가 뒷받침돼야 하는데 세계 기업 중에서도 그럴 만한 기업은 많지 않아서다. 아낌없이 투자할 역량을 보유한 만큼 삼성전자가 세계적인 전장 부품 업체로 도약하는 것은 그리 멀지 않은 것으로 보인다.

하지만 기존의 완성차 및 부품 업체들은 삼성전자의 전장 사업 진출이 부담스럽다. 특히 완성차 업체들은 삼성이 진출하고자 하는 자율주행 차 분야에서 IT 기업들에 주도권을 빼앗기지 않기 위해 온 힘을 다하고 있다.

 단적인 예는 현대기아차인데, 현대모비스와 현대오트론 등 부품 계열사를 통해 미래 자동차 개발에 집중하고 있다. 특히 자율주행 차 두뇌에 해당하는 핵심 부품인 반도체까지 직접 개발하기로 했다. 그룹 차원에서 2018년까지 스마트카 및 IT 개발에 2조 원을 투자할 계획이다.

 전장 사업에 진출해있는 기존 IT 기업도 탐탁지는 않다. 대표적인 곳이 LG다. LG 그룹은 이미 10여 년 전부터 자동차 전장 사업을 미래 먹거리로 선정해 기반을 닦아 왔다. 현재 LG전자는 자동차 텔레매틱스 분야에서 세계 시장 점유율 30% 이상을 차지, 업계 1위에 올라 있다. 최근엔 GM과 차세대 전기차 부품 11종에 대한 공급을 체결했다.

 현대차 그룹과 LG는 단지 국내 사례일 뿐이다. 세계 시장에서 보면 토요타와 폭스바겐, GM은 모두 납품해야 하는 협력사이면서 반대로 견제를 하는 곳이 될 수 있다. 또 미국 IT 기업인

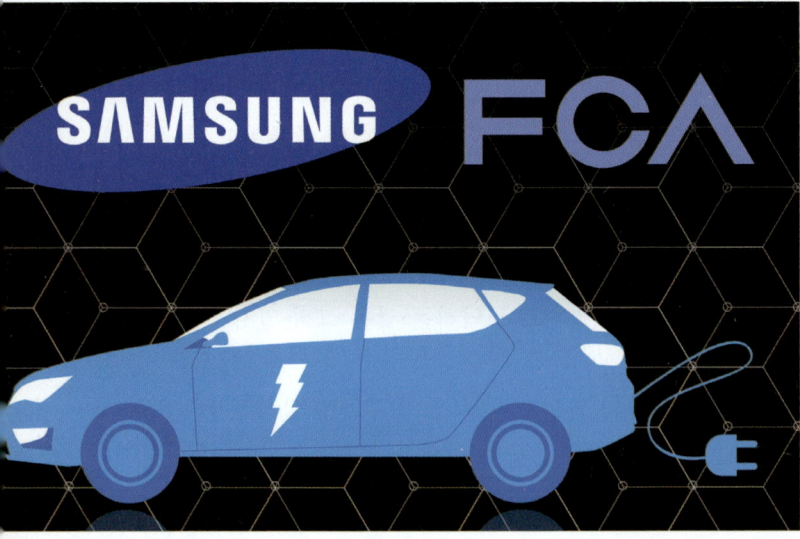

삼성과 FCA

구글과 애플은 물론이고 향후 시장을 따라올 중국 IT 기업까지 함께 경쟁해야 한다.

　삼성전자는 구글이나 애플과 달리 제조업을 기반으로 하는 만큼 완성차 제조에 뛰어들 가능성 또한 얼마든지 열려 있다. 하지만 여기서 완성차는 전기를 동력으로 하는 자율주행 차를 의미한다. 내연 기관으로 기존 완성차 업체들과 경쟁하는 것은 성공 가능성이 극히 떨어지기 때문이다.
　반면 전기 동력의 자율주행 차는 새로운 분야다. 다시 말해 현대기아차와 같은 완성차 업체도 전기 동력 자율주행 차는 이제 막 진출하는 단계여서 경쟁할 만하다는 얘기다. 삼성으로서는 FCA 산하의 부품 기업 인수로 1차 협력사로 올라선 다음, 여러 완성차 업체와 거래를 확대해 훗날 전기 동력 자율주행 차 시장이 커지면 완성차 제조로 시너지를 높이는 시나리오를 노려볼 수 있다.

　당장 삼성전자가 완성차 제조에 뛰어들 가능성은 작다. 전기 동력의 자율주행 차 시장이 내연 기관과 비슷한, 즉 50:50 정도로 성장했을 때 실현할 수 있는 시나리오이다. 하지만 그 시점은 아무도 예측할 수 없다. 전문가들은 2030년 또는 2040년을 언급하지만 2050년이 될 것이란 전망도 높다. 따라서 삼성전자의 전장 사업 진출은 50년 정도 후의 미래를 내다본 것으로 예측된다.

# 갈등에서
# 협업으로

매해 1월이면 미국 라스베이거스에서는 '소비자 가전 박람회(Consumer Electric Show, CES)'가 열린다. 그러나 최근 몇 년 전부터 이 IT 기술 경연의 장이 모터쇼와 구분이 되지 않을 정도로 수많은 완성차 업체들의 참가 빈도가 높아지고 있다. 2016년만 해도 GM, 포드, FCA 등 미국 빅 3를 비롯해 BMW, 폭스바겐, 벤츠, 기아자동차, 토요타 등이 부스를 차렸다. 이와

2016 소비자 가전 박람회(Consumer Electric Show, CES)

함께 보쉬, 델파이, 현대모비스 등 주요 부품 회사 참여까지 이어져 IT 박람회가 향후 IT 모터쇼로 바뀌는 것 아니냐는 얘기도 나온다. 소비자 가전과 자동차의 경계가 점차 허물어지고 있다.

완성차 회사들이 IT 및 가전 박람회에 적극적인 출사표를 던지는 이유는 간단하다. 자동차의 전장화가 생각보다 빠르게 진행되기 때문이다. 특히 전장화에서 가장 중요한 것으로 꼽히는 새로운 부품 업체 발굴이 절실한 만큼 완성차 회사의 입장에서는 가전 박람회를 주목하지 않을 수 없다.

반대로 IT 및 가전 기업에도 자동차는 매력적이다. 그간 휴대용 디바이스 시장을 주목하며 성장했다면 앞으로 자동차가 새로운 시장으로 다가올 수밖에 없기 때문이다.

LG전자가 자동차 부품 사업부를 만들고, 통합 시스템 등을 개발해 GM에 공급하기로 한 게 대표적이다. 결국 IT 및 가전 기업의 새로운 성장 동력이 자동차에 있다고 보는 셈이다.

전기 동력의 확대와 자율주행을 위한 커넥티드(Connected) 증가세가 점점 빨라지기 때문에 완성차 회사 입장에서는 흐름에 대응하기 위해 자체 기술보다 원천 기술을 가진 공급 업체를 발굴하는 게 무엇보다 중요하다. 혹자는 요즘처럼 자동차의 기술 평준화 시대에는 특화된 부문의 경쟁력이 뛰어난 기업을 찾아내 육성하는 게 경쟁력이며 완성차 회사가 가전 박람회에 참여하는 것은 선택이 아니라 필수일 수밖에 없다고 말한다.

따라서 **최근 자율주행 기술과 사물인터넷(IoT)의 융합**을 위해 자동차 업체들과 IT 업체들의 협업이 가속화되고 있다. 디지털과 아날로그의 만남, 즉 미국 실리콘밸리와 디트로이트의 상호 협력이 업계의 화두로 떠오르고 있다는 얘기는 더 이상 새롭지 않다.

구글은 포드에 이어 최근 피아트크라이슬러와 협력해 자율주행 미니밴을 개발키로 했다. 양사는 크라이슬러의 하이브리드 미니밴 2017년형 '퍼시피카'를 개조해 만든 자율주행 차 100대를 성공적으로 운영했으며, 6만 2,000여 대에 자율주행 기술을 탑재해 개인 소비자에게 판매할 계획이다.

한국의 현대자동차는 그간 유지했던 '독자 노선'의 기조를 버리고 스마트카 개발을 위해 분야별 국내외 기업과 협업을 진행 중이다. 먼저 커넥티드 카 개발을 위해 세계 최대 네트워크 장비·솔루션 기업인 시스코와 손을 잡았다. 커넥티드 카 기초 인프라로 평가받는 '자동차 내부 데이터 송수신 제어를 위한 자동차용 초고속 통신 네트워크'를 구축한다는 목적 달성을 위해서다.

이 자동차용 네트워크 기술은 기존 대비 빠른 속도뿐 아니라 대용량 데이터 송수신도 가능해 자동차 내 여러 장치와 개별 통신 및 제어까지 가능하다. 현대차 그룹은 미래 커넥티드 카의 기초 인프라인 자동차 네트워크 기술 확보와 함께 클라우드, 빅데이터, 커넥티드 카 보안으로 구성되는 커넥티드 카 통합 인프라 개발에 속도를 낸다는 방침이다.

독일 폭스바겐 그룹은 LG전자와 머리를 맞대고 있다. 차세대 커넥티드 카 서비스 플랫폼도 공동으로 개발하기로 한 것이다. 두 회사가 개발하기로 한 크로스오버 플랫폼은 커넥티비티와 사용자 편의성을 구현하기 위한 자동차 연계 서비스 플랫폼이다. 여기서 주목할 기술로는 '거리에서 집 안의 전등, 보안, 가전제품을 모니터링하고 제어할 수 있는 커넥티드 카·스마트홈 기술'과 '스마트 가전 기기에서 생성된 알림을 분석하고 조치 사항을 추천해 차 내 디스플레이로 보여주는 기술', '커넥티드 카를 위한 차세대 인포테인먼트 기술' 등이다.

BMW의 대표 파트너는 삼성전자다. 삼성전자는 비교적 늦게 자동차 분야에 뛰어들었지만, 2015년 전장 사업팀 신설을 시작으로 발 빠르게 자동차 시장의 지배력을 높이고 있다. 신형 7 시리즈 뒷좌석용 태블릿 PC, 르노삼성 T2C 태블릿 PC 등이 삼성전자 전장 사업 진출 대표작이다. 지난 CES에서는 BMW와 협업해 자동차 시동이 걸려 있는지, 문이 열려 있는지 등을 스마트폰으로 실시간 확인 가능한 사물인터넷(IoT) 서비스 '스마트 싱스(Smart Things)'를 선보이기도 했다.

삼성과 BMW의 협업

중국은 자국 기업끼리의 협업이 활발하다. 중국 최대 전자상거래 업체 알리바바와 중국 최대 자동차 업체 상하이 자동차가 인터넷 커넥티드 카를 선보이겠다고 선포한 것이다. 최근 인터넷 OS를 장착한 인터넷 커넥티드 카 '룽웨(榮威) RX5' 발표회에서 마윈 알리바바 회장은 "휴대폰에 운용 시스템(OS)이 들어가면서 스마트폰 기능의 80% 이상은 전화 통화와 관련 없게 된 것과 마찬가지로 자동차 기능의 80%는 교통수단과 무관하게 될 것"이라고 말했다.

두 회사가 선보이게 될 차는 상하이 자동차의 SUV 룽웨에 알리바바의 스마트 OS인 '윈 OS(Yun OS)'를 탑재한 제품

룽웨(Roewe,
상하이 자동차)
SUV RX5

이다. 양사는 이 차의 영어 표현으로 인터넷 커넥티드 카, OS' Car(OS를 장착한 자동차), 슈퍼 인터넷 SUV 등을 혼용해 사용하였다. 이는 스마트 자동차보다 좁은 개념으로, 현재의 교통 상황에서 완전한 자율주행 차의 실현은 상당한 시간이 걸릴 것으로 보고 양사는 당장 상용 가능한 수준의 인터넷 자동차 개발로 방향을 잡은 것이다.

또 중국의 최대 검색 포털 업체인 바이두(百度) 사는 현대차와 폭스바겐 그룹, GM과 함께 중국의 '커넥티드 카' 시장 공략을 위해 협업하기로 합의했다. 바이두가 선보이는 '카라이프'는 날씨 등 각종 정보와 음악, 내비게이션, 전화 등의 기능을 제공해 주는 중국 최초의 커넥티드 카 플랫폼이다. 현대차의 경우 바이두와 양해각서를 체결하고 협업을 한창 진행 중이다.

이처럼 자동차에 맞설 것으로 예상했던 IT가 자동차 회사와 손잡은 이유를 말하자면 간단하다. 관련 기술을 적용할 분야로 자동차만 한 시장이 없기 때문이다. 자동차 외에 로봇 분야에서 활용할 수 있지만, 전통적 개념에서 보면 로봇 산업은 자동차만큼 규모가 크지 않다. 무엇보다 지속 가능한 사업 분야를 염두한다면 IT 입장으로서는 자동차만큼 매력적인 분야가 없다는 얘기다.

그런데 여기서 주목할 것은 바로 산업 분야의 융합이다. 자동차와 IT가 접목되면서 양 산업의 밀접도는 급격히 높아지고 있다. 예를 들어 지금까지 휴대전화를 만들었던 기업이라면 휴대전화에 지능을 심어 자동차에 부품처럼 넣으면 또 하나의 단말기 시장이 만들어지게 된다. 더불어 휴대전화가 다양한 정보를 모아주는 커넥티드 역할이라면 반드시 통신이 필요하고, 이때 통신사는 모든 자동차가 휴대전화로 보일 수밖에 없다.

실제 이런 작업은 이미 시작됐는데 휴대전화와 자동차 센터페시아 모니터를 연결하는 미러링 서비스가 제공되는 중이며, IT 기업의 지도 서비스를 자동차에서 손쉽게 활용할 수도 있다. 요즘 자주 키워드로 떠오르는 '자율주행'이 생활 속에 조용히 자리를 잡아간다는 얘기다. 쉽게 보면 자율주행이 다가올 미래에 완성될 것처럼 소란스럽지만 자율주행 개념은 이미 오래전에 등장했고, 지금도 진행형이고, 앞으로도 계속 발전해 간다는 뜻이다. 인간의 순간 판단력에 버금가는 지능 개발 노력이 끊이지 않기 때문이다.

무엇보다 주목할 점은 변화의 속도다. 자율주행으로 전환되는 속도가 점차 빨라지고 있는데 지금의 추세라면 오는 2030년이면 자율주행이 아니라 모든 기계가 '자율'로 움직일 수 있는 세상이 올 수도 있다. 그래서 자율주행의 끝은 기계가 인간을 지배하는 세상이라고 말하는 미래학자도 적지 않다.

자동차 산업 전문가들은 현재의 자동차 업계가 자동차 발명 이후 처음으로 찾아온 대변혁이라고 말한다. 이는 곧 단순한 이동수단에서 다른 용도, 다른 방식으로 사용되기 시작했다는 얘기며 이에 따라 타 분야 기업들이 자동차 영역으로 들어갈 수 있게 된 것과 동시에 기존 자동차 회사들이 밀려날 가능성이 커지고 있다는 것이다.

자동차를 중심으로 하는 최근의 이러한 협업의 움직임은 이러한 변화에 대응하기 위한 기업들의 생존 노력으로 볼 수 있다. IT 회사가 자동차 영역으로 들어갈 수 있게 된 현실이지만 아직 기계적 영역으로서의 자동차라는 하드웨어 자체에 대한 이해와 완성도는 부족할 수밖에 없다.

미래 산업에서 중요한 것은 이제 속도와 결과물의 만족도, 안전성이다. 자칫 시간이 늦어지면 다소 낮은 완성도를 감수하고 먼저 진입한 다른 회사에 시장을 빼앗길 수 있다. 그렇다고 해서 시장 진입을 서두르다 보면 낮은 완성도로 소비자에게 외면받을 수 있다. 결론적으로 자동차와 IT 분야에서는 이러한 문제를 최소화할 수 있는 협업을 통해 한발 앞서 속도와 만족도, 안전성의 균형을 찾고 시장을 장악하기 위해 서로 간의 오월동주(吳越同舟)가 본격화되고 있다.

# 자동차와 가전의 차이

자동차가 냉장고와 TV, 휴대전화와 같은 가전제품 매장에서 판매되는 걸 상상해 본 적이 있는가? 자동차와 가전제품은 우리 삶을 풍요롭게 한다는 점에서 공통점이 있다. 여기에 최근 자동차의 전장화가 가속화되면서 자동차를 '움직이는 전자 기기'로 바라보는 시각도 점차 강해지고 있다. 생각이 전기차에 미치면 가전 양판점에서 다른 가전제품과 함께 판매하는 것도 어색하지 않을 것 같다.

사실 소비자가 자동차를 가전제품의 영역에서 바라보는 건 IT 업체들이 바라는 일일 것이다. 자동차 시장에서 자신들이 차지할 수 있는 영역이 더욱 넓어질 수 있기 때문이다. 앞서 말한 대로 가전제품 전시장에서 자동차를 판매할 수 있다면 그 자체로 이미 새로운 수익모델이 탄생한 셈이다.

반대로 자동차 업체들로서는 자동차가 가전제품의 영역에 포함되는 게 탐탁지 않을 것이다. 자신들의 파이는 내어 주면서 새로운 분야를 가져올 부분이 많지 않아서다.

그렇다면 **전기차를 가전제품에 포함하는 게 맞을까?** 기존의 분류대로 자동차로만 봐야 할까? 자동차와 IT 두 분야의 경계가 흐려지면서 앞으로 이런 질문은 끊임없이 제기될 것이다. 소비자 입장에선 대수롭지 않은 일일 수 있겠지만, 산업 전체를 놓고 보면 상당히 중요한 논의 대상이다. 향후 생산부터 판매, A/S에 이르기까지 전기차의 지위와 산업 양상이 달라질 수 있어서다. 물론 이미 자동차 업계와 IT 업계 사이의 물밑 작업도 치열하게 펼쳐지고 있다.

동력원 측면에서 봤을 때 전기차가 일반 가전제품의 영역에 포함되는 건 자연스러워 보인다. 전기차나 냉장고 모두 전기라는 동력원을 가지고 이용자에게 편리한 기능을 제공한다. 출퇴근길 꽉 막힌 도로에 직면해도 자동차와 함께라면 한 시간에 20km는 거뜬히 움직일 수 있다. 세계 최정상급 마라토너도 달성하기 어려운 페이스지만, 누군가는 스티어링휠을 신경질적으로 내려치며 짜증을 내는 속도다. 또 1시간이면 시중에 유통되는 냉장고는 대부분 시원한 얼음을 얼리기에 충분한 시간이다.

모비스 모듈

무더운 여름철에도 머리가 띵해질 정도로 시원한 얼음물을 마실 수 있다는 건 분명히 호사다.

냉장고와 TV, 에어컨과 공기 청정기, 세탁기 등 우리 집안과 사무실을 채우고 있는 가전제품과 자동차의 가장 큰 차이점은 무엇일까? 가장 먼저 떠올릴 수 있는 점은 이동성의 유무일 것이다. 전통적으로 가전제품은 한정된 공간에서 사용하는 것을 가정한다. 거실이나 세탁실, 침실 등 주거 공간에 각자의 자리를 잡고 사람들에게 편리함을 제공하는 게 가전제품의 존재 의의였다.

그러나 이동성을 가지고 가전제품이냐 아니냐를 가늠하는 것은 이제 옛말이 됐다. 휴대전화를 위시한 모바일(Mobile) 기기가 보급됐기 때문이다. 스마트폰과 노트북, 태블릿 PC 등은 사람의 손이나 주머니, 가방 등에 실려 사람과 함께 이동한다. 전화 통화 등 통신 기능은 물론 영상이나 음악 콘텐츠의 점유율도 모바일 기기로 옮겨졌다. 사람과 같이 움직이며 편의성을 제공한다는 점에서 전기차와 휴대 기기의 공통점은 한층 더 많아진 셈이다.

여기에 자동차와 스마트폰은 기존의 가전 기기를 통합하는 플랫폼 역할을 한다는 공통점도 있다. 스마트폰이 전화, 캠코더, 동영상 재생기, mp3 플레이어, 전자수첩, 녹음기 등의 기능을 담고 있다는 건 새삼스러운 일도 아니다. 마찬가지로 자동차 역시 다양한 미디어 플레이 기능과 함께 에어컨, 내비게이션, 블랙박스, 전화 수신 장치 등을 탑재한 지 오래다. 일부 고급 세단이나 대형 버스엔 냉장고까지 장착된 차종도 종종 볼 수 있다.

그럼에도 불구하고 전기차와 스마트폰 사이에는 근본적인

차이점이 존재한다. 전기차는 사람을 싣고 가지만, 휴대용 가전 기기는 사람이 그것을 싣고 간다는 점이다. **이동의 주체가 기기인지 이용자인지는 중요한 문제**다. 전기차든 휴대전화든 사용하다 망가지지 않도록 이용자는 각별한 주의를 기울일 것이다. 그러나 본의 아닌 실수 혹은 피할 수 없는 상황에서 물건이 망가졌을 때가 문제다. 돌발 상황 속에서 전기차는 사람을 보호해야 한다. 반면 스마트폰은 망가지지 않도록 이용자가 주의해야 할 대상이다.

안전성이야말로 자동차 회사가 IT 업체에 앞서 있다고 여기는 분야이다. 자동차 발전의 역사는 안전성 확보의 역사라 해도 과언이 아니다. 생활용품 중 안전사고에 노출이 되지 않은 제품은 없겠지만, 사고 발생 시 이용자에게 닥칠 위험성은 자동차가 압도적으로 높다. 자동차 업체들이 140여 년의 역사 동안 끊임없이 안전 기술을 연구해온 이유다. 물론 IT 업체들 역시 '사고율 0'에 도전한다고 공언할 정도로 안전 기술에 대한 자신감을 숨기지 않는다. 미래에는 완벽한 통신과 사물인터넷 등으로 사고 자체를 원천 봉쇄할 수 있다는 게 이들 주장이다. 확실히 최근 완성차에 탑재된 다양한 전자식 안전 품목들은 다양한 방식으로 탑승객을 사고로부터 지켜 준다. 그리고 이런 안전 품목들의 기술 원천은 IT 업계에서 나온다.

자동차 업계의 최신 안전 트렌드는 '**준 자율주행**' 기술이다. 운전자의 실수를 차가 알아서 보조해 준다는 의미이다. 차선을 따라 스스로 달리고, 방향 지시등을 켜지 않은 채 차선을 넘으면 운전자에게 경고한다. 나아가 스티어링 휠을 스스로 움직여 차선을 유지하도록 한다. 일정하게 달리면서 앞차와 속도를 맞추고, 충돌 위험을 감지하면 속도를 줄이면서 운전자에게 알린다. 긴급 상황이라면 완전히 차를 멈춰 세울 수도 있다.

이러한 신기술들은 최근 양산되는 신차들에 적극적으로 적용되며 사고 발생을 줄여주고 있다.

미국 고속도로안전보험협회(IIHS)는 자동 긴급 제동 장치(AEB)를 모든 차에 장착할 경우 연간 교통사고 발생률은 20%, 후방 추돌 사고율은 40% 감소할 것이라고 발표했다. 미국 정부는 2022년까지 AEB를 의무 장착하기로 한 상태다. 우리나라에서도 2016년부터 AEB 의무 장착이 시작됐다. 2019년에는 국내 도로 위를 달리는 45인승 버스와 총중량 20t 이상의 대형 화물차에는 반드시 AEB를 탑재해야 한다.

그럼에도 자동차 업체들은 안전 분야만큼은 IT 업체에 주도권을 뺏기지 않을 것이라 확신한다. IT 기술이 사고 발생을 줄여 주는 데 집중한다면, 자동차 제작사들은 오래전부터 사고가 났을 때 탑승객을 얼마나 안전하게 지켜 줄 수 있는지를 고민해 왔다. 자동차 차체 강성 강화, 사고 발생 시 충격을 흡수해 주는 크럼플 존의 설계, 탑승객을 보호하는 안전 케이지의 확보 등은 자동차 업계 고유의 영역이라는 게 이들 주장이다.

단순하게 접근해보면 전기차가 가전의 영역에 포함된다는 논리는 충분히 성립될 여지가 있다. 무엇보다 내연 기관차와 달리 전기차는 가전제품과 마찬가지로 전기를 에너지원으로 삼기 때문이다. 그렇다면 전기차를 가전 기업이 대리점에서 판매하는 것은 어떨까? 전기차를 가전의 일종으로 보고 냉장고 및 세탁기, 컴퓨터 등과 함께 판매하는 것 말이다.

삼성전자 대리점에서 BMW i3 전기차를 판매하는 것은 불가능한 일일까? LG전자 대리점에서 기아차 쏘울 EV를 판매하는 것은? 하이마트에서 테슬라 전기차를 판다면?

업계에선 이 같은 일이 아직까지는 소원하다고 말한다. 국내외 시장에서 자동차는 아직까지 한 매장에서 여러 브랜드를 동시에 다루는 종합 양판점의 개념이 드물다. 신차 판매의 경우 브랜드별로 단독 매장을 운영하는 것이 일반적이다. 대부분의 소비재에서 일상화된 온라인 판매 역시 자동차 업계에서는 예외적으로 허용될 뿐이다. 자동차는 제품을 구매하려면 해당 브랜드의 판매점을 방문해야 한다는 구도가 가장 확고하게 자리 잡은 분야다.

여기에 판매 후 활동, 즉 애프터서비스 분야에 이르러서 전통적인 자동차 산업의 구조가 와해되기는 어려울 것이라는 업계의 주장이 한층 설득력을 얻게 된다. 스마트폰이나 TV를 수리하는 것과 자동차의 고장을 고치는 건 무엇보다 필요한 시설 규모 면에서 차이가 날 수밖에 없다. 물론 자동차 수리도 가전 수리의 영역에 속하는 부분이 있고, 그 비중도 점차 증가하는 추세다. 그렇다고 전기차에 있어 기계 부분의 수리를 무시할 수 있다는 이야기는 아니다. 사람을 태우고 도로 위를 빠른 속도로 달리는 게 자동차의 가장 기본적이고 중요한 기능이라면, 전기차가 아무리 가전제품의 영역에 다가선다 해도 전통적인 기계장치의 수리 역시 중요하기 때문이다.

처음의 질문으로 돌아가 보자. 전기차는 가전제품인가? 전기를 동력원으로 작동하는 공산품이라는 점에서 봤을 때 가전제품의 영역에 속한다고 볼 수 있다. 그렇다면 기존 가전제품과 같은 시각으로 전기차를 바라봐야 하는가? 이 부분에서는 많은 논의가 필요할 것이다. 적어도 안전 분야는 소비 유행 패턴이나 기업의 편의에 따른 타협의 대상이 아니기 때문이다.

# 자동차, '어떻게'가 바꿔 놓은 미래 지형

 전통적 개념에서 자동차는 지금까지 A에서 B까지 사람 또는 화물을 옮기는 역할에 충실했다. 하지만 이는 어디까지나 기본 역할일 뿐 이동의 종류와 특성은 제각각이다. 어떤 사람은 역동적 이동을 원했고, 또 다른 소비자는 남들이 밖에서 바라볼 때 부러움을 느낄 수 있도록 '최고급 이동'을 요구했다. 반면 대부분의 사람들은 최소의 비용으로 적당히 이동의 목적만 달성하면 된다는 생각을 했다. 그래서 자동차 시장은 언제나 고성능 차와 고급 차, 그리고 다양한 대중적인 제품으로 꾸며졌다. 목적은 같아도 목적을 달성하는 수단으로서 자동차를 바라보는 소비자들의 시선은 천차만별이었던 셈이다.

 이런 이유로 자동차 회사 또한 제품을 개발, 생산하면 많이 판매하기 위해 장점 부각에 열중했다. 이동에 있어 경제성을 요구하는 소비자에게는 효율과 가격을 내세웠고, 이동 과정에서 경제성보다 운전 재미를 추구하는 사람에게는 엔진 및 운동 성능을 앞세워 시선을 끌었다. 그리고 과시욕(?)이 넘치는 소비자에게는 '당신이 이 차를 타면 다른 사람에게 신분을 과시할 수 있습니다.'라는 메시지를 주기 위해 노력했다.

물론 과거나 지금 그리고 미래에도 자동차의 본질적인 기능은 '이동'이다. 그러나 과거와 달리 '이동 목적을 달성하기 위한 수단과 방법의 다양화'는 분명한 차이점이다. 이동을 하되 '어떻게 이동할 것인가?'에 사람들의 관심이 모아지면서 바로 '어떻게?'라는 질문이 새로운 사업을 속속 일으키고 있다.

이동에 있어 '어떻게?'라는 질문은 많은 의미를 내포한다. 먼저 이동수단의 다양화다. 자동차뿐 아니라 개인 맞춤형 이동수단, 대중교통, 항공, 철도 등 A에서 B까지 이동하는 모든 사물이 한 마디로 이동수단이고, 여기서 '어떻게?'라는 것은 어떤 이동수단을 선택할 것인가로 모인다. 하나를 고를 수도 있고, 여러 이동수단을 복합적으로 활용할 수도 있다.

그런데 이동수단 선택을 바꾸는 조건이 있다. 바로 시간과 거리, 비용이다. 예를 들어 항공기를 예매할 때 대기 시간이 길면 비용이 내려가는 것처럼 이동수단을 선택할 때도 마찬가지 기준이 적용될 수 있다. 이때 동일한 서비스를 제공하는 두 기업의 경쟁력은 같은 거리를 이동하되 시간을 줄여주는 일이다. 그래야 비용 또한 떨어질 수 있어서다.

그렇다면 시간을 '어떻게' 줄일 수 있을까? 이는 정보의 연결로 해결할 수 있다. 현재의 교통 상황, 과거의 교통 상황, 그리고 특정 날씨와 조건에 따른 교통 상황 등을 세밀하게 분석해 이동 시간의 정확도를 높일수록 경쟁력이 높아진다. 나아가 이동수단의 종류도 많이 제공할수록 소비자 선택의 폭이 넓어져 유리한 고지를 점하게 된다. 최근 이동 서비스를 제공하려는 여러 기업이 이동수단의 주행 데이터를 확보하려는 것도 바로 이

때문이다. 데이터가 많을수록 예측의 정확성이 높아지고, 이는 곧 이동 서비스의 질적 개선과 직결되기 때문이다.

또 하나는 이동 자체의 조건이다. 이동이라는 것은 특정 지역과 용도에 한정되지 않는다. 그래서 용도에 따라 이동 방법을 선택하는 일도 다반사다. 출퇴근 카풀을 한다거나 택시를 이용하거나 카셰어링을 선택하기도 한다. 다시 말해 이동하는 방법이 많아지면서 서로 장점을 부각하기 위한 싸움이 치열하다.

재미있는 것은 여기에 자동차 회사도 적극적으로 동참한다는 점이다. 글로벌 완성차 회사 가운데 대부분이 공유 사업에 참여하고, 용도별 공유에도 적극적으로 나선다. 국내에서도 출퇴근 카풀, 24시간 운행 공유 등 다양한 형태의 공유 사업이 전개되는 것도 이동 방법의 다양화로 볼 수 있다. 제조를 넘어 이동에 필요한 모든 서비스를 제공할수록 제조물의 활용 범위가 넓어져 제조 역량을 유지할 수 있어서다.

이처럼 이동수단 및 방법의 다양화는 또 다른 사업의 주목도를 높이기 마련이다. 바로 자율주행이다. 운행을 통한 수익을 확보하려면 자동차 스스로 움직이도록 하는 게 최선이다. 동시에 자율주행의 수준이 높아질수록 사고 위험도 낮아지는 만큼 '어떻게 지능을 높일 것인가'도 함께 진행된다. 그리고 지능을 높이려면 방대한 데이터를 넣어줘야 하는데, 쉽지 않은 일이니 차라리 스스로 학습하도록 끊임없이 주행 시험을 한다. 구글이 웨이모를 돌리는 것처럼 말이다.

2018년 초 폭스바겐이 모이아(MOIA)를 설립했다. 모이아는 스마트폰을 통해 자동차를 공유하는 회사로, 이른바 폭스바겐 식의 우버(Uber) 사업이다. 1년의 사업 준비 기간을 거쳐 10

월부터 독일 하노버에서 시범 서비스를 개시했고, 내년부터 본격적인 서비스 제공에 들어간다. 그리고 서비스에 투입될 이동수단으로 전기차를 선택했다. 이를 통해 도심 내 교통정체를 줄이겠다는 목표를 세웠다. 그런가 하면 최근 현대차도 카풀 서비스와 손잡고 출퇴근 이동수단의 공유화를 추진했다. 나아가 공유는 물론 친환경차 아이오닉의 판매 창구로도 활용한다. 공유하지 않으면 안 되는, 이른바 이동의 다변화가 빠르게 진행되고 있음을 보여주는 대목이다. 운전자가 필요 없는 자동차가 필연적으로 등장할 수밖에 없는 배경이다.

# 제조사가 바라보는 자동차 산업의 미래

급변하는 자동차 시장의 변화 속에 기존의 자동차 회사들은 IT 기업을 위시한 새로운 도전에 직면해있다. 경쟁자를 물리치기 위한 높은 방벽을 쌓기도 하고, 적과의 동침을 통한 생존을 모색하기도 한다. 글로벌 시장에서 두각을 나타내는 자동차 회사들은 각자 미래 자동차 세상이 지금의 모습과 사뭇 다르게 변화할 것으로 보고 치밀한 전략을 세우고 있다.

대표적으로 폭스바겐은 제조의 강점을 활용해 미래에는 지금까지 집중해 왔던 '제조-판매'에 머물지 않고 '통합 이동 서비스' 기업으로 변신하겠다는 입장을 나타냈다. 특히 이동 서비스 부문에서 전기 동력 기반의 자율주행 차를 적극 활용, 제조의 한계를 뛰어넘겠다는 포부를 드러냈다.

2017년 프랑크푸르트모터쇼에서 만난 폭스바겐 그룹 울리히 아이크혼 R&D 총괄은 미래에는 '이동수단'뿐 아니라 '이동 과정의 편의성'도 소비자에게 중요하다는 점을 들어 폭스바겐 그룹 전체가 이동에 필요한 모든 걸 통합 제공하는 기업으로 바

뛸 것이라고 강조했다. 또 폭스바겐이 이번 모터쇼에 내놓은 자율주행 콘셉트 '세드릭'이 시작점이 될 것이란 점도 강조했다.

─ 폭스바겐이 최근 통합 이동 서비스를 추구하며 '모이아(MOIA)'라는 회사를 설립했다. 다인승 소형 전기차를 이용한 셔틀 서비스가 중심인데, 이렇게 되면 전체 차 판매가 줄지 않는지.

"(요한 융비르트 폭스바겐 그룹 디지털 총괄)모이아는 셔틀 서비스를 제공하는 모빌리티 서비스다. 궁극적 목표는 이동에 필요한 모든 서비스를 통합 제공하는 것이고, 그중 하나가 대중교통 서비스다. 그래서 모이아의 타깃은 차 소유자가 아닌 대중교통 이용자. 기존 판매에 영향을 미치지 않을 것이다."

─ 올해 프랑크푸르트모터쇼에 선보인 세드릭 자율주행 차가 2020년 상용화되는지.

"(융비르트 총괄)모든 국가 또는 도시에서 제공하는 게 아니라 우선은 제한된 곳에서 시작한다. 물론 상용화는 가능할 것이라 믿는다. 자율주행은 폭스바겐 그룹이 제조업에서 통합 이동수단 서비스 기업으로 바뀌는 중요한 사안이다."

─ 세드릭은 전통적 개념의 자동차인지, 아니면 새로운 방식의 이동수단인지.

"(피터 부다 폭스바겐 유럽 미래 차 디자인 총괄)두 가지 모두 고려해 인간 중심, 탑승객 우선으로 디자인했다. 세드릭은 인간 경험에 초점을 둔다. 자율주행은 자동차와 탑승객의 신뢰가 중요하다. 세드릭은 라운드 형태로 눈도 있고, 커뮤니케이션도 가능하다. 따라서 사람들이 믿을 수 있고 호감도 가는 최초의 차라고 생각한다."

― 지금까지 폭스바겐 그룹을 비롯해 전통적인 자동차 회사는 내연 기관을 강조해 왔다. 하지만 지금처럼 급변하면 폭스바겐의 경쟁우위는 사라지는 것 아닌지.

"(융비르트 총괄)폭스바겐 그룹은 모든 카테고리를 커버하는 12개 브랜드를 갖고 있다. 그리고 글로벌 140개국 이상에 진출해 있다. 이는 신제품 개발 후 지리적으로 빠르게 확장할 수 있다는 의미다. 규모의 경제를 달성한다는 뜻이기도 하다. 이런 가운데 체질을 하드웨어에서 소프트웨어 기업으로 바꾸려 한다. 이때 오랜 시간의 제조 기반은 오히려 강점으로 작용한다."

― 세드릭은 공간을 염두에 두고 디자인했는데, 대중교통의 기능을 추구한 것인지.

"(부다 총괄)아니다. 세드릭은 탑승자가 공간을 최대한 다양하게 이용할 수 있는 데 주안점을 뒀다. 그래서 2인승부터 10인승까지 확장성이 뛰어나다."

폭스바겐 미래
모빌리티 세드릭
(SEDRIC)

- 오는 2030년까지 전기차로 가겠다는 전략을 세웠는데 얼마나 확신하는지.

"(아이크혼 총괄)2030년까지 폭스바겐 그룹 산하 모든 브랜드가 전기차를 제공하겠다는 뜻은 아니다. 일부 모델은 전기차만 생산하고, 내연 기관도 주력한다. 앞으로 개발하는 기술이 전기차의 주행 거리를 조금씩 늘이고 성능을 높인다. 이후 2020~2025년에는 업체 간 가격경쟁으로 인해 구매비용이 훨씬 싸진다. 이때를 대비해 진출한다는 뜻이다. 그에 앞서 폭스바겐 그룹은 플러그인 하이브리드의 잠재성을 높게 보고 있다. 지금의 상황에선 가장 이상적인 동력이다."

- 전기차 시장은 새로운 도전자의 진입이 내연 기관보다 쉽다. 그렇다면 폭스바겐이 가진 경쟁적 우위는.

"(아이크혼 총괄)폭스바겐 그룹은 지금까지 매우 우수한 하드웨어를 만들어 왔다. 가격, 주행, 소비자 경험 등 모든 측면을 고려했을 때 '기술의 민주화'를 이뤄냈다고 평가한다. 최근 새로운 경쟁 업체가 있지만 수익은 내지 못한다. 폭스바겐 그룹은 전기차로 수익을 낼 것이다."

- 자율주행 또는 전기차 같은 사업은 장기전략이 요구된다. 어떤 파트너십을 구사하는지.

"(아이크혼 총괄)현재 세계 여러 정부와 협력 중이다. 독일 정부와 특히 많은 협업을 진행하고 있다. 또 R&D 및 자율주행 관련 윤리위원회에 참여하고 있다. 예를 들어 올해 초 처음으로 유럽에서 레벨 3 자율주행 차 운행이 허락됐다. 이런 규정 개편 과정에 우리가 참여했다. 한편 어떻게 사고를 예방할 건지, 사이버 보안은 어떻게 구축할 것인지 등과 같은 윤리적 측면에서도 의견을 개진 중이다."

― 천연가스와 수소 에너지는 어떻게 가져가는지.

"(아이크혼 총괄)폭스바겐 그룹은 천연가스차 시장이 존재하는 유럽에서 시장 2위 기업이다. 천연가스는 오염물질 및 이산화탄소를 배출하지 않기 때문에 디젤차의 대체재라고 판단해 개발에 착수했다. 그리고 수소는 단기적으로 좋은 솔루션이다. 하지만 많은 인프라가 필요하다. 앞으로 10년 정도는 더 걸릴 것으로 예상한다. 그러나 수소 시대도 준비는 하고 있다."

― 자동차 산업이 급변한다. 전기차로 일부 비중이 넘어오고 자율주행도 마찬가지다. 그렇다면 R&D 조직 혁신도 필요하지 않는지.

"(아이크혼 총괄)현재 폭스바겐 그룹은 전기차만 개발하는 게 아니다. 내연 기관차, 전기차, 자율주행 차, 커넥티드 등에 모두 투자해야 한다. 이런 복잡한 상황에서 어떻게 효율성을 가질 것인지가 중요하다. 이제까지 하드웨어에만 집중해 왔다면 앞으로 자율주행 및 E-모빌리티 등에 필요한 소프트웨어와 모빌리티 서비스 등의 통합을 이뤄내야 한다. 제조사마다 경쟁력은 바로 통합능력이다."

그리고 2018년 하노버에선 구체적인 전략이 발표됐다. 폭스바겐 그룹이 미래 생존전략을 세우고, 궁극적으로는 콘텐츠 공급자로 변신할 것임을 분명히 한 것이다. 자율주행 시스템 개발로 시작해 다양한 분야에 해당 시스템을 연결하고, 이를 통해 자율주행 차 양산 및 운영 단계를 거쳐 모빌리티 서비스 기업으로 변신한다는 것. 이어 완벽한 자율주행이 실현되는 미래에는 모빌리티 내에서 다양한 콘텐츠를 제공하는 기업으로 바뀌어 있을 것이라고 단언했다.

폭스바겐 그룹 요한 융비르트 디지털 부문 총괄은 독일 하노버에서 개막한 '2018 세빗(CEBIT)' 주제 연설에서 폭스바겐 그룹의 새로운 자동차 사업으로 종합 이동 서비스 개념인 '마스 (Maas, Mobility-as-a-Service)'를 들고 나왔다. '마스'는 자동차 회사가 단순 제조를 넘어 이동에 관련된 모든 산업에 진출하는 것이며 최근 모빌리티 부문에서 미래 화두로 꼽히는 서비스 개념이다. 우버를 비롯한 구글 등의 IT 기업 또한 저마다 '마스' 서비스를 내세우고 있다.

폭스바겐 미래 모빌리티 전략

종합 이동 서비스 미래전략인 '마스'를 완성하기 위해 폭스바겐 그룹은 5단계 전략을 추진한다. 1단계는 '자율주행 시스템의 공급자' 역할이다. 현재 IT와 통신, 전통적인 자동차 회사들이 앞다퉈 자율주행 시스템을 개발하는 과정에서 더욱 지능이 뛰어난 시스템이 탄생하도록 폭스바겐 그룹 자체가 하나의 시스템 플랫폼 역할을 하겠다는 뜻이다. 다양한 IT 기업들이 자율주행에 개별적으로 힘을 쏟지만 결국 자동차라는 제조물로 모든 기능이 모인다는 점을 십분 활용하겠다는 얘기다.

실제 2018 세빗에서 요한 융비르트 총괄은 IBM과 중국 화웨이, 기타 수많은 디지털 기업의 전시관을 직접 소개하며 폭스바겐 그룹 중심의 IT 분야 협업사례를 적극적으로 소개했다. IBM의 양자컴퓨터를 활용해 자율주행 이동 과정에서 발생하는 불필요한 시간 낭비 및 에너지 사용을 줄이고, 다양한 사물과 자율주행을 연결할 때 화웨이의 컴퓨팅 플랫폼을 활용하는 식이다.

시스템을 완성한 후 밟을 다음 단계는 '시스템 제공'이다. 자율주행 시스템이 필요한 모든 곳에 폭스바겐 그룹의 지능을 공급하겠다는 의미다. 이 경우 폭스바겐 그룹 중심의 자율주행 연결 표준 시스템을 만들어 미래에도 시장 주도권을 잃지 않을 수 있다는 판단이다. 실제 스페인 바르셀로나에선 폭스바겐 그룹의 자율주행 시스템을 활용한 '자율주행 물류 이동수단(ADD, Autonomous Delivery Device)' 프로젝트를 진행 중이다. 교통량이 상대적으로 적은 야간에 자율주행 이동수단을 물류에 직접 투입, 비용을 줄이는 연구다.

이 회사 빅터 바더 연구원은 "2019년에 낮은 단계 수준에서 자율주행 이동수단 세드릭을 활용해 가능성을 살펴볼 예정"이라며 "오로지 차에 부착한 여러 센서 기반으로 움직이는 것이어서 고속주행에 필요한 지능형 도로 인프라 구축 자체가 없어도 되는 게 강점"이라고 말했다.

ADD는 시속 6km 이하 속도로 물류 허브에서 반경 10km 이내에 필요한 물건을 세드릭이 야간에 운반하는 프로젝트다.

요한 융비르트 총괄은 "그룹 내 디지털 부문의 역량을 키울수록 관련 산업 파급효과가 크고, 이 경우 폭스바겐 그룹의 자율주행 시스템이 이동하는 모든 것의 표준이 될 수 있다."고 설명했다.

자율주행 시스템 공급자로 기반을 다진 후 폭스바겐 그룹이 지향하는 다음 단계는 '자율주행 이동수단'의 양산 및 활용이다. 완성도 높은 자율주행 시스템을 승용차와 상용차는 물론 세드릭과 같은 새로운 이동수단에도 적용해 다양한 분야로 활용성을 넓혀 가는 식이다. 이 과정에서 자동차 내 지능이 스스로 사용자 패턴 및 취향 등을 학습해 맞춤형 이동로봇으로 진화하고, 이들을 연결해 궁극의 미래전략인 '마스' 비즈니스를 완성하는 것이다.

4단계는 마스 사업의 활성화를 위한 '모빌리티 공급'이다. 이동이 필요한 모든 곳에 모빌리티 서비스를 제공하는 것으로, 이동수단의 직접 제조는 물론 이동 과정에 필요한 다양한 제조물 전체를 연결하는 만큼 폭스바겐 그룹 주도의 마스 사업을 본격적인 궤도에 올려놓겠다는 얘기다.

사람의 운전이 전혀 없이 이동의 모든 과정을 연결한 후에 마지막으로 전개할 새로운 사업은 '콘텐츠 공급'이다. 제아무리 최적화된 경로라도 이동에는 반드시 시간이 걸리는 만큼 탑승자가 필요한 콘텐츠를 정해진 공간 내에서 제공해야 '소비자 경험(UX)'이 축적돼 '마스' 서비스를 지속할 수 있어서다.

요한 융비르트 총괄은 "마스 서비스를 완성하고 지속하기 위해서는 새로운 환경하에서 다양한 기술 개발이 요구되는데, 전동화로 바뀌는 동력 전환이 낮은 단계의 관여라면 모빌리티의 활용성, 보안, 소비자 중심 측면, 시간과 에너지의 낭비 제거 등은 마스 부문에서 관여도가 높은 항목"이라며 "이들이 가장 중요한 이유는 사람이 이동할 때 비용을 줄여주는 핵심 요소이기 때문"이라고 힘줘 말했다.

다시 말해 폭스바겐 그룹은 미래전략 완성을 위한 디지털 기술의 종착역이 시간, 비용, 배출가스 등을 모두 줄이는 대신 이익을 가져가는 '효율(Effiency)'임을 숨기지 않는다.

이날 발표에선 로봇 전략도 눈길을 끌었다. 발표자로 나선 폭스바겐 그룹 마틴 호프만 CIO(Chief Information Officer)는 로봇의 '3원칙'을 소개했다. 1원칙은 로봇이 인간을 다치게 해서는 안 된다는 것이다. 자율주행을 하나의 로봇으로 여긴다면 탑승자는 물론 보행자 모두를 완벽히 보호해야 한다는 것. 2원칙은 '사람의 명령에 복종'이다. 그러나 명령이 사람을 다치게 하는 경우라면 따르지 않아도 된다. 마지막 3원칙은 로봇 스스로 자기를 보호해야 한다는 것이다. 물론 여기서 전제는 1원칙 또는 2원칙과 갈등이 없을 때다. 결국 폭스바겐 그룹의 로봇 개발 방향은 '사람 보호'가 최우선인 셈이다.

마틴 호프만 박사는 "폭스바겐 그룹은 이미 로봇을 개발, 생산 단계에서 상당 부분 활용하고 있다."며 "앞으로는 로봇 지능을 결국 자율주행, 모빌리티 서비스 등 전반에 걸쳐 활용하는 만큼 로봇 개발은 매우 중요한 의미를 갖는다."고 강조했다.

자동차의 미래권력

5부

## 에너지 전쟁의 새로운 서막

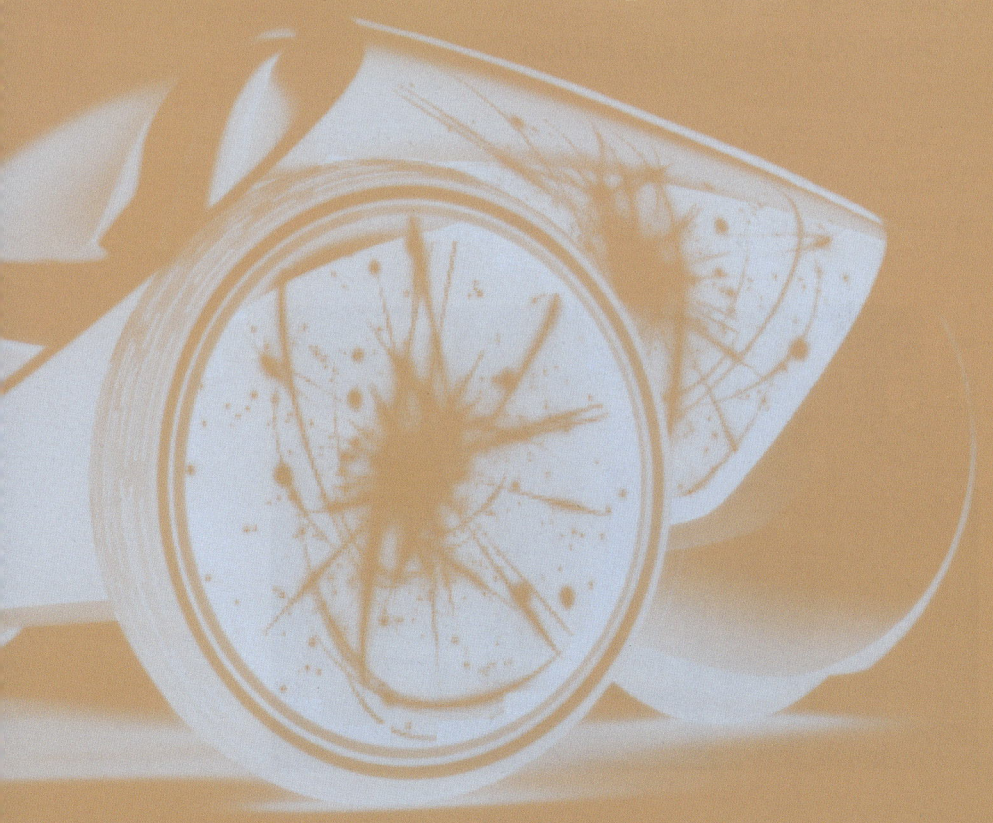

# 자동차 권력이
# 에너지로

'5kg 충전에 5만 5천 원
 그리고 주행 가능한 거리는 640km'

토요타가 일본에서 팔고 있는 수소연료전지차 '미라이(Mirai)'의 연료비다. 이 차가 640km를 주행하는 동안 배출되는 물질은 물밖에 없다. 스티어링 휠 옆에 마련한 '$H_2O$' 스위치를 누

이와타니 수소 충전소

르면 전기 생성 후 만들어진 물을 바깥으로 배출한다. 주행 중 도로에 흘려보내도 되지만 미관상 좋지 않고, 때로는 식물 재배에 사용하는 등 만약의 활용처를 고려해 별도로 저장했다가 빼낸다.

그렇다면 수소 충전소의 시작은 어디일까? 얼마 전 일본 내 최초의 수소 충전소인 도쿄 타워 인근의 이와타니 수소 충전소를 찾았다. LP 가스 기업인 이와타니가 만든 곳으로, 토요타의 첫 FCV 미라이 전시장도 함께 있다. LPG와 함께 향후 수소를 주력 에너지로 삼으려는 이와타니와, 수소차로 친환경차 시장을 주도하려는 토요타가 협력하는 곳이다. 실제 수소 스테이션은 과거 이와타니의 LPG 충전소였다. 이렇듯 수소 시대를 열어가려는 기업의 노력에 일본 정부도 힘을 보태고 있다. 2014년 4차 에너지 기본 계획을 발표하며 수소 사회 실현을 국가 과제로 선정, 수소 충전소 설립 및 수소차 구매를 적극적으로 지원하고 있다.

그렇다면 수소는 어떻게 만들까? 지금은 개질이나 물의 전기 분해를 이용하지만 이와타니 등의 에너지 기업은 물 분해에 필요한 전기를 태양광을 통해 얻어 내려 한다. 히사시 나카이 토요타 기술홍보부장은 "전기차에 필요한 전기는 저장성이 떨어지는 게 단점"이라며 "수소는 전기보다 저장성이 뛰어나 미래의 현실적인 에너지 대안이 될 수밖에 없다."고 설명한다.

토요타는 '보급되지 않으면 의미가 없다.'는 중요한 메시지도 전달했다. 제아무리 토요타라도 수소차가 보급돼야 수소 시대가 앞당겨진다는 것! 이를 위해 토요타는 일본 내 혼다 및 닛산과 손을 잡았고, 에너지 기업이 수소를 안정적으로 공급할 수 있도록 시장을 구축했다. 수소차가 늘어나면 수소를 공급하겠다는 에너지 기업 그리고 수소가 있어야 수소차를 보급한다는 자동차 회사가 조금씩 양보해 수소차와 수소의 동시 보급에 나섰다는 의미다. 히사시 부장은 "2011년 토요타, 닛산, 혼다 등의 제조사와 이와타니, 에네오스 등의 에너지 기업 그리고 경제 산업성이 수소 시대를 개척하자는 데 합의해 현재 일본 내 77개의 수소 충전소를 세웠고, 덕분에 630대의 FCV를 팔 수 있었다."고 말한다. 그는 혼다와 닛산도 곧 수소차를 일본 시장에 투입할 계획인 만큼 수소 시대로의 전환은 상당히 빨라질 것으로 전망했다.

일본의 수소 사회 구현 계획은 매우 구체적이다. 에너지 자립 측면에서 화석연료의 불안정한 공급을 끊고, 친환경 연료 사용으로 탄소 배출권도 확보할 수 있어서다. 단순히 자동차 회사의 미래가 아니라 국가 전체 주력 에너지 동력으로 '수소'를 주목했다는 의미다. 게다가 수소는 재순환이 가능한 에너지라는 점도 배경이 됐다.

한국도 수소를 향해 가고 있다. 그러나 수소차의 비싼 가격 및 충전 인프라가 없는 건 약점이다. 같은 수소를 보고 가되 일본과 한국의 실천 속도에서 차이가 발생하고 있는 것이다. 충전소만 해도 일본은 77개, 한국은 16개다.

히사시 부장은 "한국과 일본이 수소 시대 개척을 위해 함께 할 일이 있을 것"이라며 "토요타는 BMW와 수소 기술을 공유하지만 누구든 수소 시대의 조기 정착을 위해 관련 특허를 모두 개방해놨다."고 말했다. 마지막으로 히사시 부장은 수소 충전소의 생존을 위해서라도 수소차를 늘려야 한다는 입장을 분명히 했다. 현재 충전소는 수소차가 별로 없어 적자를 내는 중인데, 미라이가 2세대로 완성돼 나올 때는 대량판매로 충전소 운영 유지비가 줄도록 만들어줘야 한다고 강조했다. 그래야 모두가 '윈-윈' 하고, 수소 사회 실현을 위한 참여 기업이 늘어날 수 있기 때문이다.

수소에 집착하는 것은 비단 토요타뿐만이 아니다. BMW는 1회 충전으로 700km를 갈 수 있는 수소연료전지차 개발에 속도를 내고 있다. BMW의 연료전지차(Fuel Cell Electronic Vehicle, 이하 FCEV) 계획은 '넥스트 넘버원 전략'의 일환으로, 시험차의 주행 거리가 꾸준히 증가하는 등 상용화를 위한 준비가 차질 없이 진행되고 있다. 이에 앞서 BMW는 2011년 12월 토요타와 협력을 통해 차세대 친환경차 및 환경 기술에 대한 중장기적 비전을 공유하기로 하고, 2013년 1월 정식 협업 계약을 체결하는 등 친환경차 분야 경쟁력을 확보하는 중이다. 시험 중인 FCEV 역시 이 계획에 포함되어 있다.

실제로 BMW와 토요타는 연료전지(Fuel Cell, 이하 FC) 시스템을 공동 개발하기로 했다. 배출가스를 전혀 내지 않는 '제로 에미션(Zero-emission)' 사회 실현을 목표로 하는 것. FC 기술의 보급을 공통의 목적으로 설정하고, 2020년을 목표로 양사의 기술을 기반으로 하는 FCEV의 보급도 함께 추진한다. 이를 위해 FC 스택 시스템을 시작으로 수소 탱크, 모터, 배터리

BMW가 토요타와 함께 개발한 수소연료전지차

등 FCEV의 기본 시스템 전반에 대한 공동 개발에 착수했다. 또 FCEV 보급에 필요한 수소 인프라 장비와 규격, 기준, 정책에 대한 제도적인 부분도 발을 맞춘다는 방침이다.

BMW가 현재 시험 주행을 진행하는 차는 2015년 7월 발표됐다. BMW 5 시리즈 GT 기반에 FC 시스템을 얹은 것인데, 토요타와 공동 개발한 극저온 수소 탱크는 차체 바닥에 위치해 5분 만에 수소를 가득 채울 수 있다. 새로 개발한 전기 모터를 장착해 총 245마력의 출력을 확보했으며, 최대 주행 거리는 500km인 것으로 알려졌다.

동일 차의 최근 주행 기록은 최장 700km로, 1년이 지나지 않은 시점에서 200km 이상 주행 거리를 늘였다. 또한 원하는 기술 수준에 도달하면 조기 상용화도 추진한다는 계획이다.

이처럼 글로벌 완성차 업체들의 FCEV 각축전은 치열하다. **미래 대체 에너지**로 지금 인류가 사용하는 전기가 아닌 **수소**를 대안으로 보고 있어서다. 전기의 경우 여전히 원자력과 화력 등의 비중이 높다는 점에서다. 테슬라 등이 태양광 등을 전력 생산에 이용하여 활용법을 제시하지만, 태양광은 날씨가 흐리면 사용이 어렵다는 단점이 있어 지속 순환이 가능한 수소 시대를 주목하는 셈이다.

한국도 발 빠르다. 2015년 대통령이 광주광역시를 방문하면서 국내에서도 수소차에 관심을 두는 분위기가 형성됐다. 지구상에 존재하는 가장 가벼운 물질로서 자동차 회사마다 미래 주요 에너지로 수소를 주목해 왔기 때문이다.

자동차에서 이처럼 수소가 떠오르는 이유는 각 나라의 에너지 자립도와 무관치 않다. 수소는 원유처럼 수입할 필요 없이 국가마다 필요한 만큼 만들어 쓸 수 있다. 지금이야 천연가스를 개질해 수소를 얻지만 자연 에너지를 통해 물에서 수소를 추출하면 더 이상 화석연료에 의존하지 않아도 된다. 이 경우 석유의 힘은 약화되고, 각종 기름 분쟁도 줄어들기 마련이다. 그러나 전기차와 마찬가지로 수소차 또한 확산되려면 인프라가 시급하다. 이른바 수소 스테이션이 있어야 보급·확산될 수 있음은 자명한 일이다. 이에 따라 나라별로 수소 충전소 확보에 열심인데, 특히 덴마크와 일본이 앞서 있다. 반면 **한국은 수소연료전지차 최초 양산국이지만, 인프라가 거의 없다.**

현대차 넥쏘

인프라를 구축하기 위해선 확대 주체를 정하는 게 급선무다. 수소 충전소 확대에 나설 곳이 어딘지 명확히 정하지 않으면 핑퐁 게임처럼 보급 책임을 놓고 공방만 벌어질 수밖에 없다. 자동차 기업은 정부가 인프라 구축을 해야 한다지만, 재정이 부족한 정부로선 여력이 많지 않다. 전기차 충전기도 보급이 더딘 마당에 그보다 훨씬 큰 비용이 들어가는 수소 충전소를 확충하는 것은 현실적으로 불가능하다. 게다가 한국은 자동차와 화석연료에 의존하는 세금 비중이 높은 나라로 친환경차를 적극적으로 지원하기도 쉽지 않다. 재정에 적지 않은 부담이 될 수 있어서다.

이런 이유로 전문가들은 민간사업자 활용 방법을 찾아야 한다고 입을 모은다. 민간이 스테이션을 만들고, 정부는 수소 또는 전기차 구입 때 인센티브를 주는 방안이다. 물론 자동차 회사의 수소차 가격 인하 노력도 병행돼야 한다. 결국 수소차든 전기차든 정부, 제조사, 민간 인프라의 삼박자가 맞아야 보급되고 확산된다는 의미이다.

이처럼 전기와 수소 등이 주목받는 것은 미래 사회에서 궁극의 주도권은 결국 에너지가 가질 수밖에 없어서다. 다양한 탈 것이 있어도 이들을 움직이는 원동력은 에너지라는 점에서 결국은 에너지를 가진 자가 세상을 지배한다는 논리가 어느 정도 성립된다. 따라서 자동차 권력 다툼이 차츰 에너지로 옮아가는 중이다. 다만 누가 빨리 가느냐만 남았을 뿐…….

# 효율 향상에 목숨을 걸다

최근 친환경이 자동차 시장의 화두로 떠오르면서 연료 효율 향상에 대한 제조사의 고민도 커지고 있다. 기름이 적게 드는 자동차에 대한 시장 요구가 어느 때보다 거세지고 있기 때문이다. 이에 따라 모든 제조사가 동력계 신기술 개발에 매진하고 있다. 실제 연료가 소모되는 장치의 효율을 높여 연료 사용량을 줄이겠다는 의도다. 클린 디젤, 하이브리드, 전기차 등이 대표적이며, 가솔린 엔진 역시 고효율을 위한 개선이 끊임없다.

하지만 아쉽게도 현재 기술 수준으로 동력 효율 개선은 한계가 있는 것도 사실이다. 때문에 효율 향상의 대안으로 떠오르는 게 경량화다. 무거운 차는 그만큼 연료를 많이 소모하기 때문이다.

경량화는 차체, 엔진 등 여러 분야에 걸쳐 이뤄진다. 그중에서도 핵심은 차체다. 자동차 무게에서 차지하는 차체 비중이 높은 데다 전통적으로 철을 재질로 사용해 왔기 때문이다. 철은 구하기 쉽고, 값이 저렴하며, 성형이 쉬운 데다 합금에도 유리하다.

최근에는 철보다 가벼운 금속이 대안으로 떠오르는 중이다. 그중 활발히 사용되는 재질이 알루미늄이다. 알루미늄은 지각을 이루는 원소 중 하나로 가장 흔한 금속 가운데 하나다. 하지만 다른 금속보다 산화율이 높아 철보다 뒤늦게 금속 가치를 인정받았다.

알루미늄의 특징은 가볍다는 점이다. 철의 경우 밀도가 $cm^3$당 7.874g이지만 알루미늄은 $cm^3$당 2.7g에 불과하기 때문이다. 같은 양일 때 중량이 가볍다는 의미다. 산소와 쉽게 반응하지만 산화 피막을 만들어 줄 경우 녹 방지 효과도 탁월한 장점이 있다.

하지만 단점도 분명하다. 가벼운 만큼 각종 강도에 약하다. 이런 단점을 보완하기 위해 강도를 높인 합금을 만들어 사용한다. 알루미늄 합금은 알루미늄-구리-마그네슘계, 알루미늄-아연-마그네슘계와 알루미늄-망가니즈계, 알루미늄-마그네슘계, 알루미늄-마그네슘-규소계 등이 있다.

대표적인 합금은 1906년에 처음 합성된 두랄루민(Duralumin)이다. 특성은 시효 경화성을 가졌다는 점이다. '시효 경화성'이란 두랄루민을 500~510℃로 가열해 물속에서 급랭시켜 연한 상태로 만든 뒤 상온에 방치하면 시간이 흐를수록 단단해지는 현상을 말한다. 이것은 강도가 철과 맞먹지만 무게는 가볍다.

알루미늄 합금이 처음 사용된 기계 분야는 항공기다. 기계 특성상 필연적으로 경량화가 필수이기 때문이다. 이후 강도가 더욱 세진 초두랄루민(Super Duralumin)도 여러 종류 개발됐으며, 현재 사용되는 24s라는 초두랄루민은 미국에서 만들었다. 초두랄루민보다 강도가 센 초초두랄루민도 있다. 가장 유명한 제품은 일본에서 제작했다.

강도가 높은 알루미늄 합금의 등장으로 알루미늄은 자동차에도 확대·적용되었다. 가장 먼저 알루미늄 합금 차체를 만든 제조사는 아우디다. 1993년 ASF(아우디 스페이스 프레임)라는 기술이 소개됐고, 이듬해인 1994년 플래그십 A8에 알루미늄 합금 차체가 자동차 역사상 처음 적용됐다.

알루미늄 합금으로 만들어진 차체 ASF. 아우디 플래그십 A8에 적용

현재 ASF가 적용된 아우디 차종은 A8, S8, R8 등 3종이다. 100% 알루미늄 합금으로 이뤄졌으며, 같은 크기의 철 재질 대비 무게가 40%나 가볍다. 강도 또한 최신형 A8, S8은 기존 세대 제품보다 20% 높아졌다. 핵심 기술로 퓨전 알로이라고 불리는 새 알루미늄 패널용 복합자재도 있다. 이와 함께 TT, A6, A7 등에는 부분별로 알루미늄 합금과 철이 혼합된 하이브리드 차체를 적용해 경량화를 추구했다.

재규어 랜드로버 역시 알루미늄 차체를 적극적으로 이용하고 있다. 특히 랜드로버의 신형 레인지로버는 아우디 A8과 마찬가지로 차체 전 부분에 알루미늄 합금을 적용한 것이 특징이다. SUV로서는 첫 시도로 최첨단 우주 항공 기술을 접목한 고성능 경량급 알루미늄 차체 구조다. 이를 통해 무게를 기존보다

300kg 줄였다. 엔진 일부를 합금으로 대체해 기존보다 120kg 감량하였다.

가벼워진 만큼 효과는 두드러진다. 움직임은 빨라지고, 순간 이동에 필요한 동력이 줄어 효율이 동시에 올라갔다. 특히 510마력의 5.0ℓ LR-V8 슈퍼차저는 100km/h 가속 시간이 기존 5.9초에서 5.1초로 단축됐고, 4.4ℓ TDV8은 기존 9.6km/ℓ(구연비)에서 10.7km/ℓ(신연비, 복합)의 연료 효율을 갖추게 됐다. 이런 점에서 앞으로 알루미늄 합금은 다양한 차종으로 확대 적용될 전망이다.

전문가들은 합금을 대체할 **복합 플라스틱 소재**에도 주목하고 있다. 이른바 '탄소 섬유 복합 플라스틱'이다. 이미 BMW는 전기차 i3의 차체로 탄소 섬유를 선택했다. 탄소 섬유(Carbon Fiber)는 탄소가 주성분인 0.005~0.010mm 굵기의 매우 가는 섬유를 말한다. 독특한 분자 배열 구조로 플라스틱 등과 함께 사용되어 탄소 섬유 강화 플라스틱과 같이 가벼운 복합 재료로 활용된다. 밀도가 철보다 낮되 강도는 높아 항공, 자동차 및 토목 건축 등에 활용된다. 아직은 비싼 가격이 흠이지만 대량 생산되는 자동차에 적용될 경우 가격 부담은 줄어들 것으로 전

탄소 섬유 복합 플라스틱 소재, 경량화 차체가 적용된 BMW i3 94ah

망된다.

경량화는 전통적인 차체의 문제에 국한되지 않는다. 동국대학교 융합에너지신소재공학부 강용묵 교수는 **자동차 전문지 오토타임즈**와의 인터뷰에서 전기차의 핵심인 배터리의 경량화와 함께 에너지밀도 높이는 방법을 소개한 바 있다. 인터뷰에 따르면 현재 EV에 사용되는 배터리의 핵심 소재는 바로 '**리튬**'이다. 그러나 리튬 소재 배터리는 여전히 가격이 비싸고, 무거운 게 단점이다. 예를 들어 내연 기관 자동차가 50ℓ 연료 탱크에 50ℓ를 가득 채우고 500km를 간다면, 리튬 소재 배터리는 50kWh의 전력을 모두 충전해도 200km 정도만 주행 가능하다. 주행 거리가 내연 기관의 30%에 불과한 셈이다. 또 연료를 채울 때 기름은 5분이면 충분하지만, 전기차는 40분(급속 충전기 기준) 이상이 소요되고, 충전할 곳도 부족하다.

이런 이유로 리튬 소재 배터리는 크게 세 가지 방향으로 개선이 이뤄지고 있다.

먼저 충전 속도다. 휘발유를 채우는 것만큼 에너지 재충전 속도를 높이는 게 중요해서다. 지난 2016년 5월 카이스트 EEWD 대학원 강정구, 김용훈 교수팀이 스마트폰 충전 시간을 20초로 줄이는 기술을 개발한 게 대표적이다. EV에 적용하면 충전 시간을 크게 줄일 수 있어 지금의 불편함도 개선될 수 있다.

두 번째는 리튬 소재 배터리의 에너지밀도를 높이는 연구다. 예를 들어 지금의 기술이 50kWh 용량의 배터리를 사용해 200km를 간다면 같은 크기의 배터리에 소재를 더 많이 넣어 100kWh로 늘리는 일이다. 물론 이 경우 가격이 오를 수밖에 없는 단점이 있다.

따라서 세 번째는 새로운 물질의 발굴이다. 리튬 소재가 비싼 만큼 이를 대체할 새로운 물질을 찾아내 배터리에 적용한다면 가격이 크게 떨어져 EV 구매 장벽인 '고가(高價)' 문제를 해결할 수 있기 때문이다.

　이 가운데 강용묵 교수가 주목한 것은 두 번째, 즉 에너지밀도를 높이는 연구다. 물론 에너지밀도를 높이려면 앞서 언급한 대로 더 많은 리튬 소재를 넣으면 된다. 하지만 이 경우 무게 부담도 커져 EV의 kWh당 주행 가능 거리, 즉 효율이 떨어질 수밖에 없다. 마치 내연 기관 자동차에서 1회 주유 후 멀리 가겠다고 연료 탱크를 키워 기름을 많이 싣고 가는 것을 떠올리면 이해가 쉽다. BMW가 배터리의 에너지밀도, 다시 말해 더 많은 소재를 저장하는 데 성공해 i3 94Ah 버전을 내놓은 것도 리튬 소재 배터리의 함량을 늘려 에너지밀도를 높인 결과다. 무게는 일부 증가했지만 같은 크기의 배터리로 주행 가능한 거리를 160km가량 늘여 1회 최장 주행 거리를 300km로 확대했다.

　그런데 강 교수는 소재를 많이 넣어 에너지밀도를 높이는 방식의 한계를 파고들었다. 리튬배터리의 음극 소재인 실리콘계 소재 구조의 변형 방지 방법을 찾아낸 것. 그는 "음극 소재로 실리콘 물질인 그래핀을 사용하면 에너지밀도를 크게 높일 수 있지만 화학적 구조가 무너져 그동안 사용이 어려웠다."며 "어떻게 하면 그래핀의 화학적 구조를 유지할 수 있을까 고민하다 도파민을 이용하면 그래핀 산화물의 화학적 구조가 유지된다는 점을 알아냈다."고 설명했다. 한 마디로 음극 소재로 주목받는 그래핀의 안정화를 이뤄내 배터리의 전압을 높일 수 있었고, 덕분에 에너지밀도가 향상돼 전력의 저장능력이 향상됐다는 뜻이다. 강 교수가 해당 기술을 발표했을 때 '1회 충전으로 서울~부산 주행 가능'이란 제목이 붙은 것도 전력 저장능력이 개선된 점에서 비롯됐다.

　그는 인터뷰에서 "우리가 개발한 기술이 상용화되고, 그렇게 만들어진 배터리가 글로벌 주요 완성차의 핵심 부품에 포함되는 것을 보고 싶다."며 "이번 기술은 상용화를 전제로 개발한 것이어서 현재 중소기업에 기술 이전을 진행 중"이라고 말했다. 그리고 "EV 시대는 열릴 것이고, EV의 핵심 경쟁력은 바로 배터리가 될 것이 분명하다."고 강조하기도 했다. 그래서 "소비자들이 1회 충전으로 장거리 이동을 원하면 원할수록 배터리가 답이 될 수밖에 없다."고 확신에 찬 목소리로 덧붙이기도 했다.

이외 전기 모터의 효율을 위한 노력도 지속되고 있다. 직류와 교류의 전원 변환 없이 순수한 직류전원만으로도 회전이 가능한 기술을 구현하고 있어서다. 실물에 적용하면 기존 모터와 같은 크기에서 토크는 두 배 이상이고, 효율도 더 높다는 주장도 있다. 예를 들어 전기 모터를 자동차의 엔진에 비유할 때 기존의 모터가 1기통 엔진일 때 2기통의 성능을 가지도록 만드는 방식이다.

그런데, 전기차 시대에 '효율'의 개념은 내연 기관의 그것과 비교해 고민해볼 필요가 있다. 지금까지 자동차 소비자들이 많이 보는 것 가운데 하나가 기름 1ℓ를 넣고 주행 가능한 거리, 즉 표시연비다. 그래서 일반적으로 표시연비는 'km/ℓ'로 표기하는 방식이 활용된다. 에너지관리공단에 따르면 'km/ℓ'로 표시되는 효율을 기준으로 할 때 연간 1만 5,000km 주행을 가정하면 필요한 연료량(ℓ)이 산출되고, 여기에 기름 가격을 곱하면 연간 연료 소모 비용이 계산된다. 동시에 효율을 측정할 때 배출된 이산화탄소 함량을 표시된 라벨에 부착하는 게 '자동차 표시연비 제도'의 내용이다.

그런데 자동차에 사용되는 에너지가 액체로 정량 측정이 가능한 'ℓ'가 아니라 시간당 전력량을 뜻하는 'kWh'일 경우에도 표시연비가 맞을까. 전문가들은 표시연비가 아니라 '전력 소비 효율'로 불러야 정확하다는 목소리를 내고 있다. 일반 가전제품과 마찬가지로 EV 또한 전력을 소비하는 것이고, 이 경우 월평균 이용 거리를 산출해 필요 전력량을 표시하는 에너지소비효율 등급 라벨이 부착돼야 한다는 주장이다.

흔히 가정에서 주로 사용하는 냉장고의 경우 월 단위 평균 사용 전력을 표시하고, 그에 따라 연간 전력 사용금액이 고지돼 있다. 냉장고만 해도 매월 38.9kWh의 전력을 소모할 경우 (714ℓ 기준) 에너지소비효율은 1등급에 해당하고, 전기요금은 연간 7만 5,000원으로 표시된다. 또한 시간당 23g의 이산화탄소 배출량도 적혀 있다. 반면 같은 전기를 쓰는 EV는 'km/kWh'로 표시된다. 냉장고와 같은 전기 에너지를 소비하지만 EV는 어디까지나 이동을 위한 에너지가 필요하다는 점에서 이동 가능한 거리를 효율로 나타내는 셈이다. 하지만 에너지소비효율은 어떤 에너지를 사용하느냐를 기준 삼아야 하는 만큼 EV의 'km/kWh' 단위를 바꿔야 한다는 주장도 끊이지 않는다.

사실 이런 과도기적 논쟁은 EV의 등장이 가져오는 여러 혼란 가운데 하나다. '이동'이라는 본질적 운송 수단의 에너지가 전기로 바뀌는 것은 산업 시스템 전반의 구조적 변화를 일으킬 수밖에 없어서다. 엄밀히 보면 가정에서 사용하는 진공 청소기에도 바퀴가 달려 있다. 이동에 필요한 에너지는 사람의 힘, 즉 인력(人力)에 따르지만 이동을 위해 바퀴가 부착돼 있다. 만약 바퀴마저 전력으로 이동시킨다면 자동차와 다를 바 없는 운송 수단의 하나가 된다. 이 경우 지금의 기준이라면 'km/kWh'를 사용해야 한다는, 다소 억지스럽지만 이성적인 논리도 성립된다.

많은 사람이 EV의 등장을 두고 친환경 얘기를 언급한다. 그러나 전문가들은 EV의 등장이야말로 단순한 친환경 자동차가 아니라 글로벌 산업사회의 구조 자체를 뒤바꾸는 '혁명'이라고 강조한다. 인류를 지배해 온 화석 에너지가 전기 에너지로 대체되는 과정이고, 화석 에너지 기반의 다양한 기계 및 화학 산업 등이 전기 중심의 사회로 바뀌는 것 말이다.

그리고 이런 행보는 빨라지고 있다. 블룸버그 뉴에너지파낸스(BNEF)에 따르면 2025년이면 미국과 유럽에서 EV 가격이 내연 기관차보다 낮아질 전망이다. 현재 EV 가격의 절반에 달하는 배터리 가격이 20% 내외로 떨어질 수 있어서다. 그러자 르노는 2020년이 되면 EV 총 소유 비용이 내연 기관차와 비슷한 수준에 도달할 것으로 전망하고, EV 확대에 집중하고 있다. 탈것부터 변하는 산업사회에 일찌감치 적응한 후 '움직임'의 원천인 전기 에너지 분야도 진출한다는 비전을 만들어 둔 상태다. 따라서 EV는 단순한 친환경 이동수단이 아닌, 사회 구조와 생활 패턴을 바꾸는 관점으로 접근하는 시각이 필요하다는 얘기다.

최근 유럽과 미국을 중심으로 이미 EV를 '이동하는 배터리' 개념으로 접근, 다양한 활용 방안을 내놓는 중이다. 움직일 수 없는 냉장고에 전력을 공급하는 것이 이동 배터리의 역할이다. 이 경우 효율 표시는 어떻게 해야 할까. 전력 소비효율, 아니면 표시 연비? 이것이 지금 사회에 EV가 던진 화두이자 고민이다.

에너지 효율에 대한 집념은 EV와 내연 기관을 가리지 않고 적극적으로 솟아오르고 있다. 미래 시장의 자동차 권력이 곧 효율로 흘러갈 수밖에 없어서다. 여기에는 배터리와 전기 모터의 역할이 크다. 그래서 미래 사회의 기술 주도권을 엔진이 계속 가져갈 것인지는 미지수다. 권력 구조가 바뀔 가능성이 높다는 뜻이다.

# 기름 시대의 종말과 에너지 개편

니콜라우스 아우구스트 오토(Nikolaus August Otto)가 등유를 이용한 내연 기관을 만들었을 때는 1860년이다. 이후 그는 1876년 고틀리프 다임러 및 빌헬름 마이바흐와 함께 4행정 기관을 발명했지만 독일 법원이 특허를 인정하지 않았다. 그리고 1879년 칼 벤츠는 이들이 개발한 엔진을 참고해 독자적으로 2행정 엔진을 발명해 특허를 취득했다. 그리고 1893년에는 루돌프 디젤이 디젤 엔진을 발명하면서 자동차의 화석연료 시대가 본격 전개됐다. 이후 150년이 넘은 지금까지 자동차라는 이동수단의 기본적인 에너지는 석유가 맡아왔다.

하지만 시간과 함께 자동차 에너지에 대한 생각도 달라지고 있다. 화석연료를 전기 에너지로 바꾸려는 노력이 벌어지고 있어서다. 그 결과 하이브리드와 플러그인 하이브리드, 배터리 기반의 EV, 수소연료전지 등이 세상에 등장하면서 전기는 이제 자동차를 이해하기 위한 필수 항목이 됐다. 이른바 옴의 법칙이 자동차에 활발히 적용되는 시대에 도달했다는 뜻이다.

사실 구동 목적은 아니어도 전기가 자동차에 들어온 지는 꽤 오래됐다. 막대기를 돌려 시동을 거는 불편함을 덜기 위해 1920년 엔진을 전기로 작동시키는 셀프 스타터가 등장하면서 배터리가 자연스럽게 자동차로 들어왔다. 그러나 일반 건전지처럼 충전이 되지 않아 잦은 교환이 불가피했고, 당시만 해도 전압은 6V에 머물렀다. 자동차 내 전력 소모량이 많지 않아 6V로도 부족함이 없었기 때문이다.

하지만 엔진 내 압축비가 커지고, 다양한 전자적 기능이 들어가면서 1950년대 중반 배터리 전압은 12V로 높아졌다. 물론 폭스바겐 비틀과 시트로엥 2CV처럼 1960년대 중반, 나아가 1970년까지 6V 배터리가 활용된 사례도 있지만 차츰 자동차용 배터리는 12V가 일종의 표준 전압으로 자리 잡게 됐다. 그러는 사이 1971년 알터네이터가 엔진 옆에 달리자 12V 배터리의 충전이 가능하게 됐고, 덕분에 배터리 교체 주기가 길어졌음은 당연지사다.

그런데 시간이 자꾸 흐르면서 자동차의 전력 소모량도 지속적으로 증가했다. 수많은 전자 장치가 자동차에 접목되면서 12V를 넘어 고전압 배터리의 필요성이 제기되자 1990년 48V 충전식 배터리의 개념이 등장했고, 이미 일부 차종은 적용이 되고 있다.

그러나 모든 자동차가 48V의 전기 에너지를 필요로 하는 것은 아니다. 작은 차에서 48V는 전기 에너지의 과잉일 수도 있다. 그래서 '과잉', 즉 남는 전기를 구동에 사용하려는 움직임이 시작됐다. 예를 들어 48V 배터리를 통해 흘러나오는 전기 에너지가 '100'이라면 오디오나 헤드램프, 기타 전자 장치에 필요한 에너지를 쓰고 남는 전기는 바퀴 굴리는 데 쓰자는 아이디어다. 굳이 300V 이상의 고전압 리튬이온 배터리를 별도로 쓰지 않고도 48V 배터리를 활용할 수 있어 비용 절감이 가능해서다. 어쨌든 전기로 바퀴를 일부 돌리면 그게 바로 하이브리드와 다름없다고 판단한 셈이다. 최근 48V 배터리를 활용한 세미 하이브리드(Semi Hybrid)가 본격 시작되는 배경이다.

물론 다른 시각에서 보면 48V 배터리가 탑재됐다고 이를 '하이브리드'라 부르기에는 2% 부족함이 있는 것도 사실이다. 하지만 자동차에서 '하이브리드'는 바퀴 동력으로 두 가지 이상의 에너지를 사용하는 것을 의미한다. 토요타가 전기를 쓰기 위해 별도의 니켈-수소 소재의 고전압 배터리를 추가했다면 48V는 자동차에 필요한 일반 배터리의 전기를 사용하는 것만 다를 뿐 개념은 같다고 보는 게 일반적이다. 한 마디로 배터리 기술 발전이 또 하나의 하이브리드 경쟁을 가져오는 형국이다.

이처럼 석유의 시대도 점차 사라질 분위기다. 미국 내 비영리 환경 싱크탱크인 카본 트랙커(Carbon Tracker)와 영국의 임페리얼 칼리지 런던대학 산하 그랜덤 연구소가 에너지의 미래 예측 연구를 발표했는데, 전기차와 태양광 패널의 가격 하락이 지속되면서 2020년부터 화석연료 수요가 감소할 것으로 내다봤다.

그랜덤 연구소는 먼저 지구의 온도 상승을 2.1℃~2.3℃ 억제하기 위한 각 나라의 배기가스 감소 정책을 주목했다. 규제를 감안하면 10년 이내 화석연료 시장규모는 10% 줄어들고 이 탓에 미국의 석탄 산업은 붕괴할 수 있다고 예측했다. 또한 전기차와 태양광 발전이 에너지 및 자동차 시장의 판도를 바꾸는 게임 체인저(Game-changer)로 등장하면서 에너지 시장의 판도 변화도 불가피하다고 전망했다.

주목할 점은 지금도 기름 시대의 종말은 서서히 진행된다는 사실이다. 연구팀에 따르면 지난 7년간 태양광 발전 가격은 85% 감소했으며, 지금 추세라면 태양광 에너지 비중이 2030년까지 23%, 2040년에는 29%까지 오를 것으로 판단했다. 태양광 발전이 석탄 산업을 밀어내고 천연가스 비중도 1% 미만으로 축소된다는 예측도 덧붙였다.

이런 추세를 반영하듯 글로벌 자동차 시장에서 전기차의 비중은 확대되고 있다. IIHS에 따르면 EV의 비중은 2035년까지 35%, 2050년까지 66%로 늘어난다. 이렇게 되면 하루 평균 2,500만 배럴의 원유 사용이 줄어들고, 공급이 축소돼 수송 연료로서 석유 산업은 도태의 길로 접어들게 된다. 서서히 기름 시대의 종말이 다가온다는 의미다.

국내에서도 에너지에 대한 변화 움직임은 이미 시작됐다. 태양광 발전은 요즘 은퇴자들에게 각광받는 투자처다. 빈 곳에 시설 투자를 한 뒤 전력을 생산하면 매월 일정액을 연금처럼 받는 상품이 퇴직자들의 관심을 끌고 있다. 늘어나는 전력 사용을 석탄과 원자력에 의존하는 것은 미래 대안이 될 수 없어서다. 게다가 가뜩이나 화석 및 원자력 의존도가 높은 국내 에너지 현실에서 선진국의 빠른 에너지 패러다임 변화는 우리도 참고할 대상이다.

# 수소로
# 몰리는 시선

2016년 7월, 세계 최초로 이동식 수소 충전소 계획이 발표됐다. 토요타가 이동식 수소 충전소를 2016년 말 호주에서 처음 선보이려고 한 것이다. 수소연료전지차 미라이(Mirai)의 호주 판매에 따라 부족한 충전소를 이동식으로 만회해 미라이 판매를 끌어내는 전략이다. 주행 중 수소가 떨어지면 언제든 급유차를 출동시켜 장소 및 시간 제약 없는 운행의 편리함을 높인다는 것이다.

미라이의 수소
이동식 충전

트럭 등에 탑재될 이동식 충전소에는 상대적으로 저장 용량이 많은 액화 수소가 저장된다. 액체 상태로 저장한 뒤 넣을 때 기체로 바꿔 주입한다. 수소의 경우 액화되어 있을 때 저장 용량이 월등하게 많은 만큼 이동식 충전기 1대로 여러 대의 수소차를 충전하려면 그만큼 용량이 커야 한다는 판단 때문이다.

**토요타의 이동식 수소 충전소 도입**은 미래 수소 시대를 대비한 전략적 연구이기도 하다. 공간 확보가 쉽지 않은 도심에서 이동식을 활용하면 고정 충전소 하나만으로 도심 내 수소 공급을 대부분 담당할 수 있다. 예를 들어 서울 같은 대도심 또한 수소 충전소를 동서남북으로 구분, 4곳에만 지은 뒤 나머지는 그 안에서 이동식 충전기로 대체하는 형태다. 더구나 연결성을 활용하면 수소 충전이 필요한 수소차의 연료 잔량을 이동식 충전기가 파악해 에너지가 떨어지기 전에 먼저 공급할 수 있어 가솔린이나 디젤처럼 소비자가 주유소를 찾지 않아도 된다. 자동차 미래연구소 박재용 소장은 "수소는 주입 시간이 짧고, 장거리에도 유용하지만 인프라 부족이 가장 큰 걸림돌"이라며 "이동식 충전기로 이른바 '찾아가는 급유'를 해준다면 소비자 인식이 크게 달라질 수 있다."고 내다봤다.

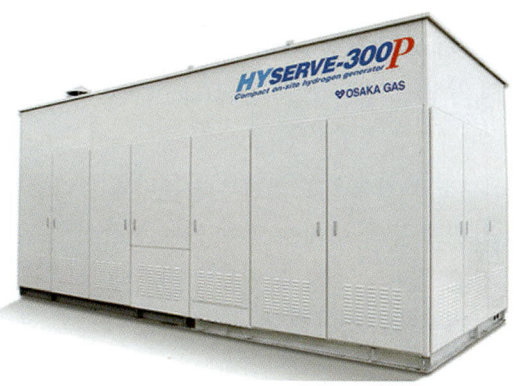

수소 충전소용
LPG 개질 장치

이동식 충전기까지 등장하는 지금의 현상은 자동차 회사가 미래에는 에너지 기업으로 변신하겠다는 선언이나 다름없다. 현대기아차 연구 개발 부문 권문식 부회장도 수소에 대해 확신을 하고 있다. 그는 한 언론과의 인터뷰에서 "**인프라를 먼저 갖추는 곳이 수소 산업의 경쟁력을 갖게 될 것**"으로 전망했다.

수소를 주목하는 이유는 현재 전기를 만들어 내는 과정 자체가 친환경적이지 않아서다. IAE에 따르면 오는 2030년 글로벌 전력 생산의 발전원은 여전히 석유와 핵이 차지한다. 재생 에너지 비중이 늘기는 하겠지만, 기저 에너지로서 석유와 천연가스, 석탄 등의 화석연료와 핵발전은 사라지지 않을 전망이다. 이를 두고 권 부회장 또한 "궁극적으로 전기를 발전시키는 자체가 지역에 따라 친환경적이지 않기 때문에 유해물질이 전혀 없는 수소 에너지를 주목할 수밖에 없다."고 말한다.

물론 수소는 독일도 주목한다. 메르세데스 벤츠는 2017년에 수소연료전지를 탑재한 GLC SUV로 시장에 뛰어들었다. 특히 벤츠는 이 차에 충전 기능을 추가해 효율을 더욱 끌어올릴 예정인데, 이미 2010년 소형 연료전지 세단을 내놓은 경험이 있는 만큼 이번에는 '**전기+수소**' 구동 기술로 경쟁력을 확보한다는 전략이다. 단순히 수소를 이용해 전력을 생산, 구동하는 것 외에 별도 배터리를 활용해 외부 전원 또는 자체 충전 기능을 더하면 그만큼 주행 거리를 늘일 수 있게 된다.

사실 벤츠의 수소차 진입은 오래전부터 준비돼 왔다. 수소를 에너지로 쓰려면 탱크 등의 무게 부담이 있는 만큼 벤츠는 효율 향상 방안으로 전기 동력의 추가 활용을 선택했다. 이른바 수소차도 하이브리드 개념으로 접근했고, 최근 기술 개발을 끝낸 것으로 알려졌다.

벤츠가 공개한 GLC
기반의 수소연료차
프로토타입

　　벤츠가 수소차를 내놓는 배경은 시장 및 규제 대응이다. 현재 글로벌 완성차 업체들의 수소차 진입은 매우 활발하다. 현대자동차가 이미 수소전기차 넥쏘를 판매하고 있으며, 토요타는 세단형 미라이에 수소 동력계를 넣어 판매 중이다. 혼다와 닛산도 곧 수소연료전지차 시장에 뛰어들고, 폭스바겐과 BMW도 1회 충전 후 700km 주행이 가능한 연료전지차를 조만간 내놓을 계획이다. 화석연료 의존도를 낮추는 동시에 친환경 규제에 적극적으로 대응하기 위해서다. 벤츠 또한 GLC 외에 2025년에는 수소 동력계를 탑재한 스포츠 세단 등을 내놓을 예정이다.

　　때맞춰 미국 캘리포니아주는 오는 2050년부터 내연 기관차 판매를 금지키로 했다. 그 과정의 일환으로 2017년까지 판매할당 1,000대에 머물던 무공해차 의무 판매 대수를 2018년에는 3,000대, 2025년에는 7대 중 1대까지 높이기로 했다. 이를 충족하지 못하면 제조사가 벌금을 내거나 다른 제조사로부터 ZEV 크레딧을 구입해야 한다. 이를 통해 먼저 2025년까지 연간 330만 대의 무공해차 보급을 목표로 세웠다.

　　캘리포니아주는 구체적인 실천방안도 내놨다. 일단 하이브리드는 2018년부터 무공해차에서 배제한다. 이 경우 다인승 차 전용도로를 달릴 수 없는 만큼 구매가 줄어들 수밖에 없다. 결국 무공해차 시장의 대응력을 높이기 위해 전기 또는 수소를 주목할 수밖에 없고, 벤츠는 두 가지 모두를 하나의 자동차 안에서 실현한다는 계획이다.

화석연료 사용을 줄이기 위한 국가별 로드맵도 속속 등장하고 있다. 노르웨이는 2025년부터 자동차에 가솔린이나 디젤 등 화석연료 사용을 전면 금지키로 했고, 일본도 완성차 3사와 에너지 기업, 정부가 손잡고 수소차 시장을 적극적으로 만들어 가기로 했다. 한국 또한 수소차 시대를 열기 위해 분주한 모습이다. 자동차미래연구소 박재용 소장은 "캘리포니아의 환경 규제 정책을 벤치마킹하려는 도시나 국가가 많아질 것"이라며 "친환경은 선택이 아니라 필수이고, 지금까지 '친환경=고효율'을 추진했다면 앞으로는 **'친환경 = 비 화석연료'**를 의미하는 것"이라고 말한다(결국 현재는 지속 순환이 가능한 수소 시대를 주목하고 준비하는 것이다).

특히 일본은 '편의점의 천국'답게 최근 수소연료전지 바람을 편의점에 강하게 불어 넣고 있다. 토요타가 세븐일레븐과 협업해 수소전기차(FCEV)의 이산화탄소 저감 효과를 연구하기로 결정해서다. 이는 토요타가 수소 전기 트럭을 개발해 편의점 물류에 활용하는 방식인데, 특히 냉장과 냉동에 필요한 에너지를 트럭에 장착한 연료전지로 공급한다. 또한 편의점이 사용하는 전력도 수소연료전지로 충당하며, 반대로 충전식 배터리를 설치해 수소전기차에 충전해 사용하는 방안도 마련했다.

이처럼 토요타를 중심으로 일본이 수소 사회를 만들어가려는 이유는 두 가지다. 먼저 화석연료의 불안정한 공급망에서 벗어나겠다는 의지다. 특정 국가 의존도가 높은 화석연료의 에너지 안보 공격(?)을 더 이상 받아들이지 않겠다는 뜻이다. 특히 과거부터 지금까지 산유국들의 정치 불안정이 생길 때마다 원유 공급이 우려됐다는 사실을 직시했다.

또 하나는 친환경 순환성이다. 탄소 덩어리인 화석연료와 달리 수소는 전기를 만들어내는 과정에서 탄소 배출이 전혀 없는 데다 유일한 배출물질인 '물($H_2O$)'은 다시 수소를 뽑아낼 수 있는 원료여서다. 물론 수소를 얻어낼 때 또다시 에너지가 필요하지만 비용이 떨어지는 중이고, 이렇게 만든 수소를 저장해두면 공급의 안정성도 확보돼 실질적인 수소 이동수단 보급이 가능할 것으로 내다봤다. 실제 2016년 일본에서 만난 토요타 자동차 기술홍보 담당 나카이 부장은 "제아무리 친환경이라도 보급이 없다면 의미도 없다."며 "소비자가 구입할 수 있는 여건을 에너지 회사와 함께 만들어야 한다."고 설명한 바 있다. 토요타가 세븐일레븐과 손잡고 수소 전기 트럭 개발에 나선 것도 결국은 수소의 보급이 중요했다는 것이고, 이를 위해 일본은 수소 저장 기술 확보에 안간힘을 쏟고 있다. 한 마디로 정부와 기업이 힘을 합쳐 화석연료의 조기종식을 이끌어가는 형국이다.

BMW 또한 앞서 설명한 대로 연료전지차 개발에 속도를 내고 있다. 연료전지차(Fuel Cell Electronic Vehicle, 이하 FCEV) 계획은 BMW의 '넥스트 넘버원 전략'의 일환으로, 주행거리가 꾸준히 증가하는 등 상용화를 위한 준비가 차질 없이 진행되고 있다. 이에 앞서 BMW는 지난 2011년 12월 토요타와 협력을 통해 차세대 친환경차 및 환경 기술에 대한 중장기적 비전을 공유하기로 하고, 2013년 1월 정식 협업 계약을 체결하는 등 친환경차 분야 경쟁력을 확보하는 중이다. 시험 중인 FCEV 역시 이 계획에 포함돼 있다.

실제로 BMW와 토요타는 연료전지(Fuel Cell, 이하 FC) 시스템을 공동 개발하고 있다. 배출가스를 전혀 내지 않는 '제로에미션' 사회 실현을 목표로 하는 것이다. FC 기술의 보급을 공통의 목적으로 설정하고, 2020년을 목표로 양사의 기술을 기반으로 하는 FCEV의 보급도 함께 추진한다. 이를 위해 FC 스택 시스템을 시작으로, 수소 탱크, 모터, 배터리 등 FCEV의 기본 시스템 전반에 대한 공동 개발에 착수했다. 또 FCEV 보급에 필요한 수소 인프라 장비와 규격, 기준, 정책에 대한 제도적인 부분도 발을 맞춘다는 방침이다.

현재 시험 주행을 진행하는 차는 2015년 7월 발표됐다. BMW 5 시리즈 GT 기반에 FC 시스템을 얹었다. 토요타와 공동 개발한 극저온 수소 탱크는 차체 바닥에 위치해 5분 만에 수소를 가득 채울 수 있다. 새로 개발한 전기 모터를 장착해 총 245마력의 출력을 확보했으며, 최대 주행 거리는 500km인 것으로 알려졌지만 주행 거리를 200km 더 늘여 700km까지 갈 수 있는 목표를 설정했다. 실제 해당 시험차의 최근 기록은 최대 700km로, 1년이 지나지 않은 시점에서 200km 이상 주행 거리가 늘어났다. 또한 원하는 기술 수준에 도달하면 조기 상용화도 추진한다는 계획이다.

그래서일까. 글로벌 완성차 업체들의 FCEV 각축전이 치열하다. 미래 대체 에너지로 지금 인류가 사용하는 전기가 아닌 수소를 대안으로 보고 있어서다. 전기의 경우 여전히 원자력과 화력 등의 비중이 높다는 점에서다. 테슬라 등이 태양광 등을 전력 생산에 이용, 활용법을 제시하지만 태양광은 날씨가 흐리면 사용이 어렵다는 단점이 있어 지속 순환이 가능한 수소 시대를 주목하고 있는 셈이다.

# 달라지는 사회 구조

　미국 시장 조사 기관 ABI 리서치가 2016년 3월 내놓은 미래 전망은 충격적이다. ABI는 자율주행 기술 발전에 따른 자동차 산업 전망에서 향후 자율주행 차가 대중화되면 소비자가 직접 구매하는 게 아니라 제조사가 카셰어링 업체로 변신하게 될 것으로 내다봤다.

　ABI는 먼저 자율주행 기술 수준을 4단계로 구분했다. 1단계는 수동적 안전 관련 기술이며, 통신 시스템과 사이버 보안이 이에 해당한다. 2단계는 능동적 안전과 직결되며 레이더, 카메라, 초음파 등의 센서를 통한 첨단 운전자 지원 시스템(ADAS)이 탑재되는 단계다. 3단계는 협력 안전(Cooperative Safety) 기술이며 근거리 통신(DSRC)과 LTE 통신을 기반으로 인프라 간 통신 기술(V2V, V2I) 적용 단계다. 그리고 마지막 4단계는 완전 무사고가 이루어지는 시점으로 자동차 사물 통신(V2X, Vehicle to Everything)이 포함된다.

ABI는 이 같은 단계별 자율주행이 발전하는 과정에서 자동차 산업의 변화가 일어날 것으로 예측했다. 1단계는 집카(Zipcar)와 같은 회원제 렌털 서비스가 발달하게 되며, 2단계는 우버와 리프트 같은 나눠 타기(라이드 셰어링) 서비스의 발달이 불가피할 것이라고 설명했다. 이 과정에서 자동차 회사와 새로운 서비스 기업의 인수합병이 이뤄진 후 3단계는 로보틱 서비스로 운전자 및 라이드 셰어링과 카셰어링의 구분이 사라지게 될 것으로 전망했다. 자동차 회사가 직접 셰어링 서비스에 나서면서 기존 판매 조직의 축소가 이뤄진다는 의미다.

전문가들의 견해도 크게 다르지 않다. 미래연구소 박재용 소장은 "모바일을 통해 셰어링을 신청하면 필요한 곳으로 차가 스스로 찾아와 이동수단이 돼주는 시대가 올 것"이라며 "제조사는 제조와 함께 즉시 서비스가 가능한 대기 공간을 확보하는 게 전부가 될 것"이라고 예측한다.

실제 GM은 2016년 초 미국 내 카셰어링 서비스 업체 리프트(Lyft)에 5억 달러(약 6,000억 원)를 투자했고 '사이드카'도 인수했다. 또한 GM이 독자적으로 카셰어링에 뛰어든다는 계획도 밝혔다. 이에 앞서 BMW와 다임러, 폭스바겐, 아우디 등도 카셰어링에 참여, 시장을 넓혀 가는 중이다. 수요자 중심의 미래 자동차 시대를 대비해 제조와 소비 시장의 영향력을 유지하기 위해서다. 나아가 포드는 아예 2021년에 자율주행 택시를 내놓겠다고 공언하며 실리콘밸리 합류를 선언했다. 자동차를 기계가 아닌 IT 제품으로 바꾸겠다는 의도다.

포드의 자율주행 택시

여기에는 급격히 변하는 사회 구조도 한몫하고 있다. 많은 사람이 **구글의 자율주행 차를 소프트웨어에 한정** 짓는다. 하지만 구글이 정작 자율주행 차 개발에 뛰어든 건 교통 약자를 위해서다. 운전면허 여부와 관계없이 운전이 불가능한 사람에게조차 이동의 편리함을 주기 위해 인공지능 자동차 개발에 뛰어들었고, 소프트웨어를 통해 자율주행 차를 통제하는 쪽이 이른바 이동수단을 지배할 것으로 내다봤다. 이것이 구글이 추구하는 자동차 미래권력의 핵심인 것이다.

실제 글로벌 사회는 변하고 있다. 그 가운데 가장 뚜렷한 변화는 고령화다. 고령화는 자동차를 보유한 사람을 증가시키되 실제 이용자는 줄이는 현상을 가져온다. 교통안전공단이 발표한 2016년 자동차 이용 행태 통계에 따르면 2015년 국내 자동차 주행 거리는 하루 평균 43.6km로 나타났다. 2002년 61.2km보다 17.6km(28.8%) 감소했다. 연간 주행 거리는 2002년 2만 2,338km에서 10년 사이에 1만 5,914km로

6,424km가 줄었다. 하루 평균 주행 거리의 용도별 변화를 보면 자가용은 2002년 54.3km에서 34.6km로 36.3% 줄었고, 사업용은 195.5km에서 149.5km로 23.5% 감소했다. 자동차 등록 대수는 2002년 1,394만 9,440대에서 2012년 1,887만 533대까지 늘었지만 전체 자동차 연간 총 주행 거리는 3,108억km에서 2,960억km로 4.8% 줄었다.

이러한 수치는 운전자들이 자동차를 이용할 기회가 많이 없었다는 의미로 받아들여진다. 특정 시간에만 이용하는 경우가 증가했고, 심지어 시동조차 걸지 않고 세워 두는 일이 많아졌다는 얘기다. 그 이유는 대중교통 체계의 발전 때문이다.

실제 서울은 1,000만 인구의 이동을 위해 세계 어느 대도시와 비교해도 뒤지지 않는 대중교통 체계를 갖췄다. 1~9호선과 공항선, 분당선, 중앙선 등 18개 노선이 수도권 곳곳을 그물처럼 연결한다. 게다가 2007년 도입한 환승 시스템은 철도와 버스 간 무료 환승을 가능케 했다. 현재는 수도권 내에서만 추가 금액 없이 환승이 가능하지만 향후 전국적인 환승 체계 도입이 검토되고 있다. 수년 내에는 자동차 없이도 문에서 목적지 앞까지 이어지는 '도어 투 도어(Door to Door)'가 가능해질 전망이 나오기도 한다. 덕분에 지난 5년간 연간 대중교통 이용자는 37억 3,634명에서 2012년 39억 2,917명으로 증가했다.

또 다른 원인은 인구 증가율 하락과 급속한 고령화다. 인구 증가율 감소는 잠재 소비자인 젊은 층의 축소를 의미한다. 게다가 이들의 구매력이 점차 떨어지고 있어 자동차보다 대중교통을 이용하는 추세다. 지난 5년간 20~30대 면허 취득자가 31만 2,819명 줄었다는 점이 방증이다. 동시에 고령화는 빠르게 진행되어 2008년 59.3%였던 고령화 지수가 2015년에는 77.7%

까지 상승했다. 대체로 65세 이상이면 운전 감각이 퇴화해 자가 운전이 쉽지 않다. 그러므로 이 역시 대중교통을 선호하는 인구가 늘어나는 셈이다.

이런 현상은 비단 우리만의 현실은 아니다. 미국 공익 연구 그룹(PIRG)은 2009년 젊은 층(16~34세)의 평균 자동차 운행 거리가 2001년보다 23% 적고, 운전면허 보유 비율은 1983년 87%에서 2008년 75%로 떨어졌다고 설명한다. 대중교통 체계의 개선과 유가 상승, 금융 위기 등이 원인으로 지목됐다. 이는 이미 시장이 정체되어 있는 곳이라면 어디든 마찬가지다.

이처럼 자동차 보유 기간의 증가와 주행 거리의 축소를 바라보는 자동차 회사는 위기를 느끼지 않을 수 없다. 그만큼 신차 교체 주기가 길어져 판매가 정체될 수밖에 없어서다. 게다가 제품 개선으로 자동차 수명이 늘고, 대중교통의 발달과 컴퓨터 게임 활성화로 자동차를 불필요하게 여기는 사람이 증가하는 점은 공장을 끊임없이 가동해야 하는 자동차 회사에 그 자체가 곧 위기인 셈이다. 그래서 자동차 회사들이 꺼내든 카드는 자동차의 평균 주행 거리 늘이기다. 주행 거리를 늘이면 새 차를 구매하려는 수요가 발생하고, 이는 곧 공장 가동을 유지하는 수단이 될 수 있어서다.

그렇다면 어떻게 주행 거리를 늘일 수 있을까? 완성차 회사가 주목한 것은 바로 카셰어링, 나눠 타기 시장이다. 하루 평균 23시간에 달하는 주차 시간을 줄이면 그만큼 운행 거리가 증가하기 마련이고, 자동차 또한 소모품으로 본다면 신차 수요가 유지될 수 있다는 판단이다. 게다가 나눠 타기는 자동차 보유자가 직접적인 경제적 이익을 얻을 수 있어 제대로 활성화되면 소비자와 자동차 회사 모두 '윈-윈'이 가능하다. 최근 GM, 벤츠,

BMW, 기아차, 토요타, 포드 등 대부분의 완성차 회사가 나눠 타기 시장에 적극적으로 진출한 것도 결국은 생존을 위한 필수 선택이었던 셈이다.

물론 현실에서 나눠 타기는 당장 완성차 판매의 발목을 잡을 수 있는 사업이다. 컨설팅 업체 맥킨지에 따르면 나눠 타기 사업 활성화로 지난 5년간 연평균 3.6%였던 신차 판매 증가 폭은 2030년에 이르면 2%대로 감소한다. 굳이 자동차를 소유하지 않아도 되는 시대가 열리기 때문이다.

그럼에도 완성차 회사가 나눠 타기에 적극적으로 진출하는 이유는 제조역량의 유지 때문이다. 게다가 미래 운전자가 필요 없는 자율주행 차의 등장은 새로운 게임 체인저가 될 가능성도 예측되고 있다. 다시 말해 자율주행 차는 새로운 자동차 회사의 등장을 가져오기 마련이고, 이는 곧 기존 자동차 회사의 사업 구조를 통째로 바꿀 요소가 된다는 의미다.

사실 자동차 회사 입장에서 완성차의 판매 대상은 개인이든, 나눠 타기 기업이든 관계가 없다. 대표적으로 나눠 타기 선두업체인 우버는 자동차를 만들지 않는다. 하지만 사업을 영위하려면 제조 기반의 완성차 파트너가 필요하고, 완성차 기업은 우버와 같은 나눠 타기 회사에 자동차를 판매하면 그만이다. 그들이 자동차를 구매해 운송사업에 투입해 주행 거리를 늘여준다면 그것만으로도 고마운 일이어서다.

하지만 자율주행의 등장이 가져올 결과는 조금씩 다르다. 완성차 회사에게 자율주행 차는 제조업의 확장일 뿐이다. 어차피 여러 운송 수단의 하나로 자동차를 바라보는 만큼 판매 대상은 변하지 않는다. 그러나 제품을 구입해야 하는 나눠 타기 기업에게 자율주행 차는 새로운 제조업의 진출을 의미한다. 그래서 기존 자동차 회사의 장벽을 넘기 위해 상대적으로 설계와 생산이 쉬운 전기차를 주목한다. 단순히 IT와 자동차가 섞이는 것에 머물지 않고 상대의 사업 영역을 적극적으로 침범하게 된다는 의미다. 자율주행 차라는 제조물은 기술적으로 IT와 완성차의 경쟁 또는 협력의 결과물이지만 여기서 얻어진 제조물(자율주행 차)을 사업에 활용하는 분야는 '운송'이라는 틀에서 같다는 뜻이다. 차이가 있다면 나눠 타기 사업은 운송에 따른 요금을, 자동차 회사는 제조물 판매를 통해 수익을 보전하는 것뿐이다.

그런데 나눠 타기가 자동차 신차 수요에 영향을 주는 만큼 완성차 회사는 새로운 수익원 발굴에 나설 수밖에 없다. 따라서 주목할 것은 자동차 회사가 직접 나눠 타기에 진출하는 길이다. 신차 판매 정체에 따른 제조 수익의 일부를 운송으로 대체하는 것은 어렵지 않아서다. 반면 나눠 타기 기업은 자동차 회사의 운송 사업 진출이 불안하다. 그래서 이들도 전기 기반의 자율주행 차 제조에 뛰어들 가능성이 매우 높다. 결국 IT와 자동차가 어우러져 자율주행 차로 변하면 제조와 운송도 하나의 영역으로 묶이게 된다는 얘기다. 포드가 미래의 사업구조를 자동차제조와 운송으로 나눈 배경도 바로 여기에 있다. 그러니 나눠 타기는 자동차 회사에게 위기이기도 하지만 새로운 기회로 볼 수도 있다. 단, 생각의 범위를 어디까지 확장하느냐에 따라 기업의 명운이 달라질 뿐이다.

자동차 회사의 또 다른 고민은 줄어드는 젊은 층의 구매 욕구를 자극할 새로운 아이디어가 필요하다는 점이다. 자동차가 IT와 접목되고, 수많은 스마트 기기와 연동될 수밖에 없는 배경이기도 하다. 하지만 동시에 중장년층의 고민도 흡수해야 한다. 여전히 주력 구매의 힘을 무시할 수 없어서다. 둘 중 하나만 포기해도 생존이 쉽지 않다. 누구를 선택해야 할까? 판단은 전적으로 기업의 몫이다.

그런데 고령화 외에 젊은 층의 자동차 시선도 달라지고 있다. 온종일 스마트 기기에 매달려 있는 20대에게 '자동차가 반드시 필요하십니까?'라고 물으면 '아니요, 꼭 필요성을 느끼지 못해요.'라는 답이 적지 않다. 자동차를 사지 않는 이유는 간단하다. 스마트 기기를 대신할 만큼 재미를 주지 못해서다. 본질적 이동 기능은 그물망처럼 연결된 대중교통이 해소해주니 그럴 만도 하다. 차라리 운전 시간에 스마트 기기를 가지고 노는 게 훨씬 재미있다는 방증이다. 끼어들기를 걱정할 이유도, 초보 운전자들의 과감한(?) 드라이빙을 탓할 이유도 없다. 지·정체 구간도 스마트 기기 하나 있으면 도낏자루 썩는 줄 모른다. 때로는 밀리지 않는 도로를 아쉽게 여기기도 한다.

심지어 자동차 안 풍경도 변하고 있다. 운전자를 제외한 동승자들의 스마트 기기 사랑은 절대적이다. 옆자리 운전자를 도와주고, 보조하기보다 스마트 기기에 푹 빠지는 것은 기본이다. 좁은 공간이지만 대화는 찾아보기 어렵다. 식당에 앉아 부모와 자녀가 각자의 스마트 기기만 들여다보는 풍경이 낯설지 않다.

한국뿐만이 아니다. 최근 일본은 젊은 층 수요를 끌어들이기 위해 완성차 회사가 안간힘을 쓴다. 천편일률적 제품 개발에서 벗어나 다양한 성격의 제품을 내놓는 배경이기도 하다.

하지만 자동차를 사지 않는 흐름 속에서도 잘 팔리는 자동차가 있다. 40~50대 수요자가 대부분인 중대형이다. 이들에게 자동차는 반드시 보유해야 하는 대상이다. 자주 이용하지 않아도 한 대는 있어야 한다는 맹목적 믿음이 있다. 자동차 대중화 시대를 겪으면서 갖게 된 자연스러운 현상이고, 덕분에 이들은 자동차 회사의 효자 소비층으로 굳건하다. 수요가 세단에서 SUV로 이동했을 뿐 신차 선호의 견고함은 요새와 같다.

그런데 여기서도 역시 문제의 종착지는 고령화다. 사회 문제로 대두된 고령화는 자동차 수요에도 영향을 미칠 수밖에 없다.

철옹성 같던 중장년 소비자의 신차 교체 시기를 늦추기 때문이다. 타기보다 걷기와 뛰기에 집중하고, 대중교통이 불편한 곳이 아니라면 복잡한 시내에 굳이 차를 가져가지 않는다. 이용횟수가 줄면 보유 기간이 늘어날 수밖에 없고, 대차는 뒤로 미루기 일쑤다. 젊은 층은 스마트 기기 때문에 자동차를 외면하고, 중장년층은 건강을 이유로 자동차를 외면하는 셈이다.

이런 위기 극복의 대안으로 최근 떠오르는 게 스마트 자동차다. 젊은 층에는 스마트 기기와 자동차를 연동시켜 주고, 중장년층에는 바이오를 접목한 건강관리 기능을 담아 어필하는 것이다. 더 이상 200마력, 300마력 등의 숫자적 의미는 중요하지 않다는 얘기다. 배기량이 커봐야 세금만 많이 낼 뿐이다. 자동차 회사가 미래 생존을 걱정하는 이유다.

# 변화를 거부하면
# 도태된다

　전통적인 운송 수단, 즉 '비이클(Vehicle)'은 여전히 기계 분야지만 적어도 '비이클'을 움직이는 에너지가 전기라는 점에서 '비이클' 앞의 '일렉트릭(Electric)'은 많은 사람의 관심사다. 그리고 현재 EV에 사용되는 배터리의 핵심 소재는 바로 '리튬'이다. 그러나 리튬 소재 배터리는 여전히 가격이 비싸고, 무거운 게 단점이다. 예를 들어 내연 기관 자동차가 50ℓ 연료 탱크에 50ℓ를 가득 채우고 500km를 간다면, 리튬 소재 배터리는 50kWh의 전력을 모두 충전해도 200km밖에 주행하지 못한다. 한 마디로 주행거리가 내연 기관의 30%에 불과한 셈이다. 게다가 연료를 채우는 시간도 기름은 5분이면 충분하지만 전기차는 40분 이상(급속충전기 기준)이 걸리고, 충전할 곳도 많지 않다.

　이런 이유로 리튬 소재 배터리는 크게 세 가지 방향으로 개선이 이뤄지고 있다. 먼저 충전 속도다. 휘발유를 채우는 것만큼 에너지 재충전 속도를 높이는 게 중요해서다. 지난 2016년 5월 카이스트 EEWD대학원 강정구, 김용훈 교수팀이 스마트폰 충전 시간을 20초로 줄이는 기술을 개발한 게 대표적이다. 이 것을 EV에 적용하면 충전 시간을 크게 줄일 수 있어 지금의 불편함도 개선될 수 있다.

　두 번째는 리튬 소재 배터리의 에너지밀도를 높이는 연구다. 예를 들어 지금의 기술이 50kWh 용량의 배터리를 사용해 200km를 간다면 같은 크기의 배터리에 소재를 더 많이 넣어 100kWh로 늘리는 일이다. 물론 이 경우 가격이 오를 수밖에 없는 단점이 있다.

　그래서 세 번째는 새로운 물질의 발굴이다. 리튬 소재가 비싼 만큼 이를 대체할 새로운 물질을 찾아내 배터리에 적용한다면 가격이 크게 떨어져 EV 구매 장벽인 '고가(高價)' 문제를 해결할 수 있어서다.

　EV 자율주행 시대가 지금 예측하는 2030년 또는 2040년보다 훨씬 빨리 도달할 수 있다는 전망이 나오는 배경이기도 하다. 이를 통해 4차 산업혁명에 대비해야 하며, 한국이 여기서 주도권을 가져가야 한다는 의견이 봇물 터지듯 쏟아진다.

　하지만 38만 4,000명, 176만 6,000명이란 숫자가 주는 의미가 녹록지 않다. 한국자동차산업협회가 내놓은 국내 자동차 산업의 규모를 보여주는 상징적인 숫자들이다. 먼저 완성차 및 관련 부품 기업에 직접 종사하는 사람만 33만 8,000명이며, 총 제조업 종사자의 11.6%를 차지한다. 그런데 정비와 판매, 보험, 운수, 금융, 연료 등의 간접 종사자를 합치면 규모는 176만 6,000명으로 넓어진다. 이는 국내 총고용 2,559만 명의 6.9%에 해당한다. 4인 가족을 기준으로 하면 최소 700만 명 이상이 자동차 산업을 통해 생계를 이어가는 셈이다. 그래서 자동차 산업이 휘청하면 한국경제 또한 흔들린다는 얘기가 나올 수밖에 없다.

　자동차 산업 집중 현상이 일어나는 곳은 비단 한국뿐만이 아니다. GM, 포드, 크라이슬러를 중심으로 형성된 미국, 폭스바겐 그룹과 벤츠, BMW 등이 건재한 독일, 푸조와 르노가 활보하는 프랑스, 그리고 토요타, 닛산, 혼다가 중심적인 일본 등 흔히 말하는 선진국을 중심으로 자동차 산업이 활발하다.

자동차 산업의 규모를 언급하는 배경은 자동차 산업의 새로운 패러다임 변화 때문이다. 최근 미국 실리콘밸리를 중심으로 전기 동력의 다양한 자율주행 이동수단 개발 움직임이 빠르게 전개되는 중이다. 대표적으로 미국에서 테슬라는 더 이상 내연기관에 매달리지 말자는 신호를 보내며 기존 자동차 산업에 강력한 도전장을 던졌다. 게다가 EV의 전력원을 태양에서 얻어내면 그야말로 친환경 이동수단이 되는 만큼 대기오염 문제도 해결할 수 있다고 강조한다.

물론 테슬라의 주장에 사람들은 대부분 이견을 나타내지 않는다. 궁극적인 방향은 테슬라가 제시한 게 틀리지 않기 때문이다. 하지만 제아무리 EV가 내연 기관의 대안이 된다 해도 변화의 속도를 빠르게 가져가기는 쉽지 않다. 빠른 변화는 기존 산업의 급격한 몰락을 의미하는데, 자동차 산업은 규모 자체가 워낙 커서 빠른 변화가 가져올 후폭풍이 만만치 않아서다.

일례로 오래전 현대차가 YF쏘나타를 내놓을 때 스티어링 휠을 유압식에서 전동식으로 교체한 바 있다. 하지만 당시 전동식은 2.4ℓ 제품에만 들어갔는데, 이유는 2.0ℓ 에도 적용할 경우 유압식 펌프를 만드는 협력 업체가 한순간 문을 닫을 수밖에 없었기 때문이다. 해당 협력 업체가 문을 닫으면 산하 6~7개의 또 다른 협력 업체가 함께 무너지는 구조여서 부품 하나를 쉽게 바꾸지 못한 셈이다.

그래서 기존 자동차 산업은 EV 시대로 변해가는 속도를 조절하려고 애를 쓴다. 기존 완성차 부품사들이 생존을 위해 EV 부품도 개발, 변화에 동참할 수 있는 시간이 필요하기 때문이다. 이를 두고 완성차 회사들은 '동반 성장'이란 말을 쓴다. 완성차 회사가 연구 개발 및 마케팅으로 판매 규모를 늘리는 것 못

지않게 협력사들의 공급망 유지도 중요하기 때문이다.

급격한 변화는 한국뿐 아니라 자동차 선진국으로 불리는 각 나라의 정부에도 부담이다. 140년 동안 내연 기관 시대에 맞춰 만들어 놓은 제도적 기반이 흔들리는 데다 자칫 빠른 변화를 주도할 경우 기존 자동차 산업의 강력한 반대에 부딪힐 수 있어서다.

반면 견고한 자동차 산업 구조를 단숨에 바꾸지 못하면 결코 4차 산업혁명에 대처할 수 없다는 주장도 만만치 않다. 특히 미국 실리콘밸리를 중심으로 한 IT 산업론자들은 거대한 완성차 산업의 규모를 바꾸는 유일한 방법은 '빠른 혁신'밖에 없다고 입을 모은다. 점진적 변화는 자동차 회사의 체질을 쉽게 바꾸지 못하고, 오히려 IT 기업들의 완성차 산업 진출을 방해하거나 적대시하는 시선을 유도할 수밖에 없어서다.

흔히 EV의 나라로 노르웨이를 많이 언급한다. 그런데 노르웨이 EV를 바라보는 자동차와 IT의 시각은 정반대다. IT 옹호론자들은 노르웨이가 정책적으로 EV를 보급, 성공한 점을 높이 평가한다. 게다가 EV에 다양한 IT 기능을 접목해 미래 4차 산업혁명에 대비하는 점을 배워야 한다고 목소리를 높인다. 반면 자동차 쪽 시선은 다르다. 노르웨이 EV 확산에 대해 '그럴 수밖에 없었다.'는 점을 주목하고 있다. 노르웨이는 필요한 전력을 대부분 친환경적인 수력으로 충당하는 것 외에 자동차 산업이 거의 전무하기 때문이다. 바꿔야 할 산업이 없는 상황에서 EV를 여러 이동수단 중 하나로 받아들인 것이고, 수력 기반의 남는 전력을 사용해 환경오염을 줄였을 뿐이라고 말이다.

최근 여기저기서 '4차 산업혁명'이란 단어를 쓰고 있다. 이것은 3차 산업혁명에 정보통신기술(ICT)을 접목해 경쟁력을 높이는 것을 의미한다. 다시 말해 기존 제조물에 정보통신기술을 접목해 공산품을 IT 제품화하는 것을 뜻한다. 그리고 4차 산업혁명의 꽃으로 자율주행 자동차를 지목하며 빠른 변화를 원하고 있다. 하지만 140년 동안 만들어진 완성차 산업의 구조가 거미줄처럼 복잡하고 견고해 변화에 속도를 내기란 매우 어렵다. 이를 두고 '자동차 회사의 태만'이라는 비판도 있지만 그만큼 구조를 바꾸는 데 시간은 필요한 법이다. 자동차로 생계를 이어가는 사람이 적지 않아서다.

그럼에도 변화는 시작됐다. 여기에 적응하지 못하면 '도태'라는 최후를 맞이할 수밖에 없다. 지금 자동차 회사 중에 100년을 넘게 이어 온 곳은 대략 8~9곳이다. 그들은 100년 동안 수없이 많은 변화를 겪어 왔다. 1990년대 후반 내연 기관 자동차 기업들이 EV의 진출을 강제로 막았던 적도 있으며, 신규로 진입하려는 IT 기업의 발목을 잡기도 했다. 하지만 이제는 오히려 그들이 IT의 손을 잡아야 하는 시대가 도래했다. 포드처럼 아예 IT 기업으로 변신하려는 자동차 회사가 나오고, 토요타는 에너지 기업으로 체질을 바꾸려 하고 있다. 체질을 바꾸지 못하면 4차 산업은커녕 당장 생존이 어렵기 때문에 **자동차의 4차 산업혁명**은 이미 시작됐다고 해도 틀린 말이 아닐 것이다.

**테슬라의 전기차**

6부

# 자동차 산업, 영토 싸움은 끝나지 않는다

# 소비자, 자동차, 정치의 삼각형

　자동차를 구입하는 소비자, 자동차를 만드는 제조자, 그리고 정치. 사실 세 분야는 매우 밀접하게 얽혀 있다. "자동차에 똥딴지처럼 정치가 웬 말이냐?"는 강경파(?)도 있겠지만 한 꺼풀 껍데기를 벗기면 복잡하고, 미묘하게 얽힌 혈관이 서로 힘겨루기를 하며 공생한다. 삼각 지지대로 버티는 셋 가운데 하나만 무너져도 관계는 허물어지고 만다. 미국은 이미 경험을 했거나 경험하는 중이며, 일본과 유럽은 대비 중이다. 그리고 한국은 불안하다. 덩치가 작을수록 산업 민족주의 기반의 정치에 매우 민감하게 반응하기 때문이다.

　대한민국에는 현대기아차가 있다. 현대기아차 공장은 울산, 광주, 광명, 아산 등에 산재해 있다. 현대기아차는 2016년 국내에서 완성차를 연간 322만 대 생산했다. 322만 대를 만들기 위해 10만 명이 일을 한다. 그리고 완성차 생산을 위한 부품 공급 업체는 1차부터 마지막까지 5,000여 개에 달하고, 관련 근로자만 20만 명이 훌쩍 넘는다. 이들은 집단을 구성하고, 완성차 공장 주변에 위치한다. 이른바 '클러스터(Cluster)'다.

그런데 한국에 공장이 있는 곳이 비단 현대기아차만은 아니다. 한국지엠, 르노삼성차, 쌍용차도 있다. 이들이 순수하게 지난해 한국 땅에서 만든 완성차는 441만 대다(CKD 제외). 공장은 부평, 창원, 평택, 전주, 부산 등에 산재해 있다. 한 마디로 전국구다.

같은 기간 국내 자동차 내수 시장은 181만 대이고, 이 가운데 수입차는 20만 대다. 다시 말해 연간 생산되는 441만 대의 완성차 가운데 수입차 20만 대를 제외한 280만 대는 전량 해외로 수출된다는 얘기다. 주요 시장은 미국과 브라질, 유럽, 러시아, 인도 등이다. 그래서 한국 차가 해외에서 선전할수록 한국 사람들이 일을 해 돈을 벌고, 그 돈으로 세금도 내며 생계도 이어간다. 국가 입장에서는 주요 세입원이자 국민들의 일자리가 보전되는 기반인 형국이다. 새로운 정부가 들어설 때마다 국내 완성차 생산을 더욱 늘리고 싶어 하는 배경이기도 하다.

그런데 누가 대통령이 되든 기업이 한국 내에 완성차 공장을 추가로 지으려는 움직임은 전혀 없다. 생산에 소요되는 비용이 자꾸 높아져서다. 어차피 같은 제품을 만든다면 비용이 적게 들어가는 곳, 또는 같은 비용이라도 시장이 확보된 곳을 선택하는 게 기업의 본질이다. 그 결과 해외 생산이 자꾸 늘어난다. 물론 해외 생산은 현대기아차만 한다. 2016년 현대기아차의 해외 생산은 465만 대로 2015년의 442만 대보다 20만 대 증가했다. 반면 수출용 완성차의 국내 생산은 2015년보다 무려 32만 대 줄어든 202만 대에 머물렀다.

물론 해외 생산이 국내 생산을 앞지른 지는 이미 오래됐다. 문제는 해외 생산 증가율이 상당히 가파르다는 점이다. 국내 생산은 줄고 해외는 나날이 증가한다. 덕분에 국내 일자리도 늘지 않는다. 그리고 관련 세입도 제자리걸음이다.

그러자 노조도 위기를 인식했다. 국내 일감을 늘리기 위해 파업 등을 벌이며 위세를 과시했다. 물론 그 이면에는 임금 인상이 자리했다. 이를 간파한 기업은 노조가 일어날 때마다 임금 인상으로 위기를 모면했다. 그리고 생산은 해외에서 늘렸다.

이런 일이 되풀이되자 정부가 나섰다. 정부는 국내 공장 확대를 위해 기업 달래기에 집중했다. 혜택도 주고, 규제도 풀어주겠다는 당근을 내놨다. 그럼에도 기업은 끄떡하지 않았다. 기업의 최대 목표는 수익 증대인데, 국내에서 생산하면 이익이 떨어지니 기피했다. 화가 난 정부는 트집을 잡아 기업 길들이기에 돌입했고, 기업은 경쟁력 약화를 내세워 맞받았다. 해외 시장에서 생존하려면 가격 경쟁력이 우선이고, 국내 생산 확대는 곧 경쟁력 약화라고 주장했다. 더불어 자꾸 위협하거나 못살게 굴면 유지하던 국내 생산마저 줄이겠다는 초강수를 던지기도 했다.

국내 생산 감축은 곧 일자리 축소를 의미한다. 경제 활성화의 최고 가치를 일자리 만들기로 내건 정부는 기업의 으름장(?)에 움찔했다. 그래서 또 다른 기업 달래기 차원에서 정치권을 동원해 시장 보호 제도를 은밀하게 만들어 줬다. 그나마 있는 것이라도 제대로 지켜보자는 쪽으로 방향을 선회했다.

그러자 한국에서 장사하던 외국 기업들이 발끈했다. 차별이라고……. 최강대국 미국은 물론 유럽 일부 국가가 항의 목소리를 높였다. 이들은 장벽을 만들면 똑같이 만들어 보복하겠다고 선언했고, 실제 최근 미국 대통령이 된 도널드 트럼프는 오히려 앞장서 미국 보호에 정치 생명을 걸었다. 280만 대를 해외로 내보내는 한국으로선 불안한 징조다. 현지 세금 장벽을 높이면 제품 가격이 올라 판매는 감소하고 공장 또한 근로 시간이 줄기 마련이다. 자칫 경제 위기까지 거론된다. 현 상황을 냉정하게 바라보면 나라마다 어떻게든 자동차 산업 보호에 앞장서는 형국이다.

이런 자동차 산업 보호의 전례는 지난 2009년 이미 미국에서 벌어졌다. GM이 파산했을 때 미국 정부는 재정을 지원했다. 그리고 지원금 회수를 위해 고민하다 GM의 경쟁사를 건드렸다. 미국 차를 보호해야 한다는 시민단체가 생겨났고, 이들은 토요타와 현대차 등을 경쟁자로 지목했다. 동시에 미국 정부는 GM 경쟁사의 리콜 확대 발표 방법을 동원했다. 덕분에 GM 판매는 늘었고, 정부에 빌렸던 돈은 모두 갚았다. 미국 내 일자리를 지키고 자존심마저 회복했다. 일종의 미국적 애국심이 발현됐다.

미국 소비자들이 애국심을 발휘하면서 타격은 일본 차와 한국 차가 받았다. 그중에서도 한국 차가 조금 심했다. 이유는 간단했다. 미국 내 일본 차 공장 근로자가 한국 차 공장 근로자보다 훨씬 많았다. 미국인들의 일자리를 지키거나 늘려야 하는 미국 정부와 정치권은 미국 차를 살리기 위해 상대적으로 만만한 상대를 골랐는데, 그게 한국 차였다. 지난 2014년 미국 정부가 당시 미국에서 판매되던 한국 차의 표시효율 오차가 기준을 넘었다고 발표한 것도 비슷한 맥락이었다. 측정 규정을 따랐지만 미국 정부는 해석이 잘못됐다는 점을 지적했다. 현대차는 바로 꼬리를 내렸다. 미국이 연간 1,500만 대의 시장임을 잊지 않은 것이다.

미국보다 더 큰 시장인 중국이라고 다르지 않았다. 연간 2,700만 대 중국의 노림수는 독자 개발 및 생산이었다. 중국은 어차피 합작사라도 중국 땅에 공장을 지어 놓으면 결코 되가져 갈 수 없다고 판단했다. 철수할 때는 자본이 가는 것일 뿐 공장은 그대로 남고, 해당 공장은 중국 합작사가 활용하면 된다고 봤다. 베이징현대차가 현대차를 생산하면 베이징차는 비슷한 차종을 만들어 '베이징차' 브랜드로 판매했다. 현대차가 항의하면 합작을 중단하면 그만이었다. 이 경우 해외 기업은 무조건 철수해야 했다. 해외 기업이 중국에 공장을 지을 때 반드시 따라야 하는 '50:50' 지분율 법칙 때문이다.

그런 가운데 중국 토종 브랜드도 애국심을 들고 나왔다. 중국이 만든 차를 타야 진정한 중국인이라고 외쳤다. 그리고 센카쿠제도(중국명 댜오위다오) 분쟁이 격화되면 일본 차를 공격했다. 민족 정서가 자동차에 투영됐고, 일본 차 판매는 급락했다. 만약 중국과 한국의 정치적 갈등이 발생한다면 한국 차도 일본 차처럼 되지 말라는 법이 없다. 그래서 한국 정부와 정치권은 거대 시장인 중국과의 관계를 돈독하게 다지는 데 집중했다.

다시 2014년으로 돌아가 보자. 미국 정부의 표시효율 오차 지적에 따라 현대기아차는 신속히 보상했고, 이 점은 한국에서 차별로 인식됐다. 미국은 해주는데 한국은 보상이 없냐는 지적이 뒤따랐다. 제아무리 효율 차이는 당연한 것으로 해명해도 믿지 않았다. 급기야 정부가 사후 검증 과정을 강화했지만 국민의 분개는 식지 않았고, 달궈진 분노는 제조사에 대한 집단적 비판 및 비난으로 이어졌으며, 정부도 질책했다.

그러자 틈을 타서 정치권이 요동쳤다. 정치인들이 앞다퉈 소비자 보호 명분을 앞세워 기업 규제 강화 법안을 쏟아냈다. 그들에게 당장 중요한 것은 산업이 아니라 화가 난 소비자였고, 그들의 목소리를 들어줄 때 표가 확보됐다.

정치는 생산에도 관여했다. 한편으로 국민 정서 반영을 명분 삼아 법을 만들면서 동시에 공장지대에서는 완성차 생산을 늘리겠다는 약속을 남발(?)했다. 그걸 믿고 공장 근로자들은 목소리 큰 정치인에게 표를 던졌다. 그리고 해당 정치인은 제조사 경영진을 압박했지만 꿈쩍도 하지 않았다. 그러자 국정감사를 빌미로 증인을 채택, 면박을 줬다. 외국인 경영진도 예외가 없었다.

그런데 이 광경을 본 국민들이 오히려 정치인이면 기업인을 마음대로 불러 창피함을 줘도 되는 것이냐고 비판했다. 더불어 한국 정치권의 움직임을 지켜보던 미국과 유럽에서도 한국 차 경영진을 불러 청문회를 하자고 했다. 181만 대 작은 시장 내 정치인 한 명이 글로벌 기업 경영진에게 목소리를 높이는 행위가 그들 눈에는 상식 밖으로 인식됐다.

그리고 한국에서 이런 일이 벌어지고 있을 때 2014년 쌍용차 미국 진출설이 흘러나왔다. 해당 내용이 미국 언론에 보도된 이튿날 미국의 몇몇 주 정부에서 신속하게 움직였다. 각종 혜택을 제시하며 쌍용차와 미팅을 요구했다. 공장이 들어서면 일자리가 늘어나고, 지방 정부 세수도 증가한다는 점을 알고 있었다.

그러자 미국 진출용 완성차는 한국에서 생산해야 한다는 국내 자치단체의 반박론도 나돌았다. 일부 국내 자치단체가 인센티브를 만들어 공장 부지를 제공하겠다고 공을 던졌다. 그리고 여기에는 정치권과 지방 정부 모두 입을 맞춘 듯했지만 속내는 달랐다. 정치인은 표를, 자치단체는 세수 확대를 원했다.

 기업이 해외 생산을 늘리는 이유는 오로지 비용 절감인가? 반드시 그렇지는 않다. 해외 생산은 차별 장막을 걷어내기 위한 방편이 되기도 했다. 시장이 있는 곳에 공장을 지어 현지 근로자를 채용했고, 이런 점은 지역 정치인의 공로로 여겨졌다. 또한 경제가 나빠져 해당 지역 내 보호무역 여론이 우세해져도 걱정이 없었다. 현지 생산으로 고용 확대에 기여하고 있어 칼날을 피할 수 있었다.

 그런데 시선을 반대로 보면 한국도 현지 생산, 현지 판매 법칙에서 예외는 아니다. 원래 한국에 있던 공장을 인수한 GM은 한국 정부의 많은 도움을 받았다. 공장을 지켜야 했던 정부와 정치권은 지난 2002년 GM의 요구를 수용해 많은 돈을 지원해가며 인수를 허락했고, 이후 수출이 증가했다. 지역 정치인은 고무됐고, 정부도 통치권자의 치적으로 홍보했다. 근로자들은 일자리를 지켰고, 덕분에 행복한 가정생활도 이어갈 수 있었다.

 하지만 점차 문제가 생겼다. 생산을 유지하려면 내수 판매가 늘어야 하는데, 180만 대를 오르내리는 시장 규모는 고정적인 벽처럼 견고했다. 이런 상황에서 국내 생산 비용에 부담을 느낀 GM 본사가 완제품의 한국 수출을 늘리며 한국지엠도 영향을 받았다. 수출 지역을 전환해 생산 대수 보전을 추진했지만 결과는 공장 가동 시간의 축소였고, 그만큼 일감도 떨어졌다.

 물론 소비자들은 외쳤다. 그래도 한국지엠이 GM 글로벌에 기여한 부분이 적지 않으니 감안해줘야 하는 것 아니냐고……. 하지만 연간 900만 대를 판매하는 기업에게 18만 대를 판매하는 한국 시장의 생산 시설은 과도했다. 2002년 인수 당시를 생각해야 한다고 외쳐봐야 당시 인수를 주도한 GM의 최고 경영진이나 한국 정부의 관료, 채권단 관계자, 심지어 대통령도 없다. 다시 말해 책임질 사람이 아무도 없다는 얘기다.

그러자 공장이 위치한 지역 정치권에서 미국 기업의 냉정함을 비판했다. 그리고 미국에 가서 GM 경영진을 만나겠다고 들썩였다. 그럴 때마다 용감한(?) 모습에 반한 지역 소비자들의 표가 움직였다. 하지만 지역 정치인이 미국 디트로이트를 방문해 GM의 최고 경영자를 만난다고 상황이 변할 리는 없다. 기업은 오로지 이익을 만들어야 하고, 그 이익으로 근로자의 임금을 보전해야 하기 때문이다. 정치권은 표만 얻으면 그만이지만 기업은 이익을, 근로자는 노동에 대한 정당한 대가를 원할 뿐이다. 다시 말해 서로 원하는 바가 다르다.

이처럼 자동차 산업은 정치 및 국익과 밀접하게 연관돼 지금도 애국 마케팅이 통하는 산업이다. 그만큼 노동이 집약된 특성을 나타내기 때문이다. 결국 경쟁이 치열할수록 해당 지역 공장을 위한 보이지 않는 보호막은 크게 작용할 수밖에 없는 셈이다. 180만 대인 한국도 그러할진대 미국, 중국, 유럽이라고 다르지 않다. 푸조와 르노가 어려움에 처했을 때 프랑스 정부는 이들을 위한 정책을 고안한 바 있다. 그러자 독일이 즉각 차별이라고 맞서면서도 독일 또한 국가 브랜드를 내세운 'Made by Germany'를 강조했다. 한 마디로 지금의 자동차 산업은 국가 간 경쟁이고, 이때 이들을 하나로 뭉치게 만드는 것은 민족 정서다. 그리고 트럼프는 민족 정서를 자극해 표를 얻어 대통령이 됐고, 미국의 거대 시장을 무기로 자동차 산업에 대해 보호주의 입장을 강하게 표명했다.

대책은 없을까? 현실적인 방안은 단 하나, 생산비용 낮추기다. 그러자면 정부, 노조, 기업 모두 합의가 전제돼야 한다. 하지만 머리를 맞댈 때마다 합의는 쉽지 않다. 밥그릇이 걸려 있어서다. 이를 두고 여론은 노사의 국내 갈등만을 부각한다. 정작 원인은 글로벌 시장의 급변에 있음에도 외면한다. 만약 글로벌 완성차 기업들의 현지 생산, 현지 판매가 완벽하게 정착된다면 한국은 180만 대 생산 시설만 있으면 된다. 441만 대에서 261만 대의 생산이 줄어야 하며, 그에 따라 완성차 및 부품회사 근로자의 60% 일자리가 사라진다면 이는 곧 대재앙 수준이다. 또한 현실로 전개된다면 그 어떤 정치인도, 그 어떤 대통령도 흔들리지 않을 수 없다. 하지만 이들이 마땅히 선택할 카드도 없다. 그저 국내 생산성을 높이는 수밖에……

그런데 실제 미국 대통령이 된 도널드 트럼프가 이 점을 노리고 있다. 적어도 한국에서 사라지는 60%의 자동차 일자리 중 절반 가량은 미국으로 오지 않겠느냐고 말이다. 그래서 자동차 산업이 민족주의 성향을 띤다는 점을 간과하면 곤란하다.

# 트럼프가 한국 차를 자꾸 때리는 이유

한국자동차산업협회에 따르면 2016년 미국에서 판매한 한국 차는 138만 대다. 이 가운데 미국 현지에서 생산한 건 77만 대이고, 61만 대는 한국에서 만들었다. 반면 미국에서 생산해 한국에 들어온 자동차는 5만 대 남짓이다. 이를 두고 도널드 트럼프 미국 대통령이 '61:5'로 불공정하다며 불만을 노골적으로 나타내고 있다. 완성차 기준 수출과 수입이 균형을 이루려면 '61:5'가 '33:33'은 돼야 한다는 주장인 셈이다. 또 한국 생산분 가운데 28만 대가 미국으로 넘어와야 공정하다는 논리다.

그렇다면 28만 대는 어떤 규모일까. 현대자동차 아산공장에 버금가는 생산시설이다. 이 경우 한국에서는 완성차 일자리 4,000여 개는 물론 주변 클러스터를 조성하는 협력 업체 등을 포함해 2만~3만 명의 일자리가 순식간에 사라진다. 일자리를 최우선 국정과제로 내세운 문재인 정부 입장에서는 수용 자체가 불가능한 요구다.

반대로 트럼프 대통령 쪽에선 28만 대의 생산이 미국에서 이뤄지면 그야말로 대선공약 실현이다. 그래서 한국 내 일자리는 모르겠고, '미국 우선'을 외친 만큼 FTA 불공정을 내세워 28만 대 가운데 일부라도 생산을 미국으로 돌리려 한다.

발등에 불이 떨어진 한국 정부의 대처 논리는 수출증가율이다. 지난 5년간 미국차의 한국 수출이 369% 늘어난 대신 한국차의 미국 수출률은 79% 증가에 그쳤다. 나아가 미국에 추가로 공장을 짓겠다는 당근도 내놨다. 그러면 미국이 요구하는 28만 대 가운데 10만 대는 우선 해결하는 것 아니냐는 계산법이다. 그러나 미국은 10만 대의 미국 생산확대가 아니라 '61:5'라는 비율 자체를 공정하게 맞춰야 한다는 목소리를 계속 내고 있다.

이를 두고 일부에서는 한국만 타깃이 됐다는 얘기도 나온다. 하지만 그렇지 않다. 일본경제신문에 따르면 지난해 미국에서 판매한 일본 차는 모두 668만 대로, 점유율이 40%에 달한다. 이 가운데 160만 대는 일본에서 생산했고, 멕시코에서 139만

대를 만들어 미국으로 건너갔다. 미국 생산분은 429만 대로 비중이 64%에 달한다. 반면 미국에서 생산해 일본으로 넘어간 완성차는 존재감 자체가 없을 정도로 미미하다.

트럼프 대통령 기준을 적용하면 미국과 일본의 비율은 '0:160'이고, 일본차가 대상인 미국과 멕시코의 무역 불균형도 심각하다. 이에 따라 토요타를 비롯해 일본 완성차 업체들이 부랴부랴 미국 내 생산 확대 계획을 쏟아내고 있다. 다만 일본 또한 국내 일자리를 지켜야 하는 만큼 멕시코 생산분을 일부 미국으로 돌리는 방안을 적극 고려 중이다. 어차피 일본과 멕시코 생산에 미국이 불만을 가졌다면 본사가 있는 일본보다 멕시코 일자리를 줄이는 게 낫기 때문이다. 당장은 아니라도 일본 완성차 기업은 이런 계획이 트럼프 대통령의 불만을 조금씩 줄인다고 보는 것 같다.

진짜 고민은 한국에 있다. 일본처럼 멕시코 대안이 없어서다. 기아자동차가 멕시코 공장을 지난해부터 가동하면서 미국 수출을 준비 중이지만 두 나라 사이는 언제든 갈등이 발생할 수 있다. 또 이제 막 공장이 돌아가는 시점이어서 북미 쪽으로 생산을 옮길 물량 자체도 별로 없다. 그래서 트럼프 대통령이 자동차 FTA 불균형을 주장할 때마다 한국은 다양한 논리를 만들어 방어에 나선다.

이번 자동차 부문 한미 FTA 갈등은 시작에 불과하다. 시장이 큰 나라일수록 보호주의로 문을 잠그면 한국은 위기를 넘어 생존을 걱정해야 한다. 어차피 미국에서 미국 소비자를 대상으로 차를 팔면서 61만 대를 한국에서 생산하는 건 공정하지 못하고, 이를 시정하려면 미국 차를 한국이 56만 대 정도 수입하든지 아니면 한국 생산분을 미국으로 넘기든지 하라는 게 지금 트럼프 대통령의 논리다. 그렇지 않으면 FTA를 되돌려 한국 차에 관세를 부과하겠다는 으름장을 놓고 있다.

자동차 산업에서는 최근 '공장의 전쟁'이라는 말이 나오고 있다. 국내도 각 지방자치단체가 많은 공장을 유치하려는 것처럼 각 국가도 이제는 직접 공장을 유치하고, 생산을 늘려 가는 시대다. 따라서 문제 해결을 위해선 먼저 한국의 현실을 직시해야 한다. 트럼프 대통령이 시장을 앞세워 '61:5'를 주장하는 마당에 우리는 어떻게 할 것인가, 그리고 국가가 대응하기 위해 기업 노사는 어떤 논리를 만들어낼 것인지 함께 고민해야 한다. 지금 트럼프 대통령의 자동차 불공정 FTA 논리는 기준점이 다른 것이어서 억지로 치부하기도 쉽지 않다. '369:79'의 수출 증가율이 '61:5'라는 수출량 논리를 누를 수 있도록 말이다.

# 한국 차와 해외에서 싸우려는 중국 차

중국의 장화이자동차(JAC)가 중국 완성차 회사 최초로 멕시코에 공장을 세우기로 했다는 소식이 전해졌다. JAC는 멕시코 현지 생산 업체와 합작사를 만들어 JAC의 CUV S2와 S3를 CKD 방식으로 생산, 판매하기로 했다.

여기서 멈추지 않고 중국 내 장성자동차도 아메리카 대륙에 공장 설립을 검토 중이다. 미국 트럼프 정부의 국경세 도입 여부를 지켜보며 미국 또는 멕시코에 현지 공장을 세울 계획인데, 이른바 '중국 차의 세계화'라는 점에서 파장이 만만치 않을 전망이다.

물론 중국 자동차 기업의 해외 공장 건설은 이미 예견된 사안이다. 연간 2,800만 대에 달하는 거대한 중국 내수 시장의 성장세보다 자동차의 생산 증가율이 높은 만큼 해외 시장 개척이 절실했고, 중국 정부 또한 향후 8~10개의 완성차 기업이 100여 곳에 달하는 지역별 중소형 자동차 회사를 흡수하는 방식으로 규모의 경제를 추구하고 있어서다. 특히 중국 정부가 잔

존시킬 기업의 조건으로 수출 역량을 따져보겠다는 입장을 내놓자 적극적인 대응책으로 해외 직접 진출을 시도하는 상황에 도달한 셈이다.

그런데 눈여겨볼 대목은 해외 공장에서 내놓을 차종의 경쟁력이다. 당연히 중국은 저렴한 가격을 앞세워 성장세가 높은 SUV 시장을 공략하게 된다. 이미 중국에서 다양한 해외 업체와 손잡고 축적한 기술력을 통해 제품의 '가성비'에 초점을 맞춘다는 의미다. 이 경우 당연히 1차 공략 대상은 한국 차이고, 위협도 커지게 된다.

이런 중국의 자동차 공략을 빗대 '양질전화(量質轉化)'라는 말을 많이 사용한다. 마르크스가 내놓은 '양질전화'는 '수량이 쌓이면 질적으로 변화가 온다.'는 뜻인데, 중국 차에 그대로 적용하면 '생산이 늘어날수록 제품 또한 질적 수준이 높아진다.'는 의미로 받아들일 수 있다. 연간 2,800만 대의 내수 시장이 이른바 중국 내 제조사의 제품력 향상의 기반이 됐다는 얘기다.

또한 중국이 완성차 시장을 개방할 때 원칙으로 내세운 해외 기업과 중국 기업의 '50:50' 합작 원칙도 토종 브랜드의 기술력을 키우는 계기가 됐다. 예를 들어 베이징자동차와 현대자동차의 50:50 합작사인 베이징현대차가 현대차를 생산할 때 베이징자동차는 합작사를 통해 얻은 기술적 노하우를 그냥 가져가는 식이다. 공식적으로 기술을 빼갈 수는 없지만 베이징현대차의 중국 내 연구 인력을 베이징자동차로 옮기면 그만이다. 그리고 비단 이런 일은 베이징현대차뿐 아니라 중국에 진출한 수많은 외국 자동차 회사가 공통으로 겪는 현상이다.

2017년 광저우모터쇼를 갔을 때의 일이다. 현지 한국 차 관

광저우자동차
인라이트 콘셉트

계자는 "중국의 경제가 성장할수록 토종 브랜드의 공격이 거세진다."는 말을 했다. 소득이 증가할수록 '마이 카(My Car)'에 대한 욕구가 높아지고, 이때 신규로 진입하는 소비층은 '가격 대비 성능'이 괜찮은 토종 브랜드 제품으로 눈을 돌릴 수밖에 없어서다. 그래서 모든 합작사가 제품 판매는 물론 여러 방법을 통해 토종 브랜드의 약점인 브랜드 이미지를 높이는 일에 치중한다고 말이다.

과거 1980년대 일본이 해외 진출에 나섰을 때 한국은 우물 안 개구리였다. 이후 일본을 좇아 2000년 전후로 해외 진출에 나설 때 일본 차의 브랜드 이미지는 확고했던 반면 현지에서 한국 차는 지금의 중국 차를 보는 시각과 크게 다르지 않았다. 그리고 20여 년이 흐른 지금, 당시의 한국 차가 지금의 중국 차로 대체됐을 뿐 상황은 같다. 따라서 중국 차에게 해외 시장의 1차 경쟁자는 한국 차가 될 수밖에 없다. 물론 아직은 한국 차의 경쟁력이 앞서지만 이전의 '양질전화'의 속도를 보면 대책이 필요한 것도 사실이다. 그리고 대책은 곧 기술에 대한 우선 투자라는 게 전문가들의 한결같은 견해다. 다시 말해 한국 차가 살아남을 방법은 이제 '기술'밖에 없다는 뜻이다.

# 에필로그

 앞서 살펴보았듯 여러 이동수단 가운데 대표적인 자동차의 미래 진화 과정은 크게 세 가지 방향으로 진행되는 중이다. 외부 정보를 빠르게 판단해 스스로 주행이 가능한 수준의 '자율주행(Autonomous)'과 인간의 뇌처럼 정확한 판단 근거를 제공하는 외부 정보 연결의 '커넥티비티(Connectivity)', 그리고 컴퓨터와 자동차 구동에 필요한 에너지의 '전동화(Electrification)'다. 이와 함께 똑똑한 이동수단으로 모빌리티 사업에 뛰어든 승차 공유(Sharing)도 제조의 지형을 바꿀 수 있는 요소로 꼽힌다. 이 밖에 여러 정보를 자동차에 빠르게 전달해주는 통신의 고속도로망도 '이동 서비스'를 최대한 효율적으로 제공하려는 노력으로 전개되는 중이다. 따라서 전통적 개념의 제조와 자율주행, 에너지, 연결성 등은 미래 이동 사회의 패권 다툼으로 진행되다 결국 필요에 따라 손을 잡는 형태로 간다는 예측이 지배적이다.
 따라서 미래에는 더 이상 현재와 같은 자동차의 제원표 부각이 필요 없게 된다. 제원표는 근본적으로 사람 운전을 전제로 하기 때문이다. 지금의 제원표 '숫자'는 말 그대로 '숫자'에 머물 수밖에 없다는 게 전문가들의 일치된 견해다. 미래는 운전 자체를 사람이 하지 않기에 제원표는 살펴볼 필요도 없고, 공유 서비스로 소유 개념이 희석돼 구매력이 떨어질 수 있어서다. 이런 이유로 미래 이동수단의 '상품성'은 '공간(SPACE)'으로 옮겨갈 수밖에 없다. 운전을 하지 않는다면 자동차의 경우 움직이는 실내 공간과 다름이 없어서다.

여기서 나온 개념이 '공간의 상품성(Commercial Value of the Space)'이다. 이것은 이동할 때 사용되는 운송 수단이 얼마나 용도에 적절한가를 의미하는데, 운반되는 대상이 사물이면 그저 넓은 게 유리하겠지만 사람이라면 기본적인 편안함을 넘어 감정까지 배려하는 공간이 곧 상품성으로 평가받을 수 있다는 뜻이다. 예를 들어 우울한 기분을 바꾸기 위해 때로는 이동 공간이 클럽으로 변신해야 하고, 영화 감상실로도 활용돼야 한다. 물론 업무도 가능해야 한다.

따라서 자동차 회사들이 추구하는 미래 모빌리티 상품성은 동일한 이동수단의 용도별 제공이다. 예를 들어 폭스바겐 그룹의 미래 이동수단 '세드릭(SEDRIC)'은 스쿨버스용이 있고, 클럽 분위기를 발산하는 나이트라이프 버전도 있다. 또한 승차 공유 서비스에 활용되는 평범한 이동수단도 마련돼 있다. 이외에 물건만 나르는 물류용도 있다.

이에 반해 IT 기업들이 추진하는 모빌리티 전략은 기술을 기능에 맞춰 실내가 바뀌는 다용도 모빌리티다. 버전을 나누는 게 아니라 하나의 이동수단 안에서 여러 버전을 선택하도록 하겠다는 뜻이다. IT 기업의 경우 전통적인 자동차 회사처럼 제조 역량이 부족한 만큼 하드웨어를 바꾸기 쉽지 않아서다. 마치 영화 트랜스포머처럼 외관을 자유자재로 바꾸지는 못해도 실내는 얼마든지 바꿀 수 있다는 창작 개념이 더해지는 셈이다. 컴퓨터 배경화면을 기분에 따라 바꿀 수 있는 것처럼 말이다.

이처럼 모빌리티를 바라보는 자동차 회사와 IT 기업의 시각이 다르기에 상품성 향상 추구 방식도 조금 다르다. 제조사(자동차 회사)는 시트 배열 및 전환을 고민하지만, IT 기업은 탑승자의 감정을 파악해 주는 게 상품성이다. 그래서 크기와 성능을 표시하는 것 외에 공간의 변신 항목이 상품성이 된다는 전망에 힘이 실리는 배경이다. 제원표에 표시된 '승차정원'이 '4~8인승'이라는 표시가 나올 수도 있다는 의미다. 인원 자체가 정해진

게 아니라 공간을 어떻게 활용하느냐에 따라 탑승 인원은 수시로 변할 수 있다. 심지어 '4~11인승'이 나올 수도 있다.

그렇다면 지능형 이동수단이 넘쳐나는 미래에는 자동차 소유욕이 정말 떨어질 수 있을까? 지난 2016년 자동차 공유 기업 리프트를 창업한 존 짐머는 향후 10년 이내에 자동차를 소유하는 시대가 끝날 것이며 그 종착역은 자율주행 시대라고 언급했다. 그의 예언(?)대로 자율주행 기술이 빠르게 진전되면서 사람의 운전이 필요 없는 시대를 향해 가고 있다.

그런데 인간이 이동 과정에서 운전하지 않는 것은 이용의 편리함과 관련된 문제일 뿐 자율주행이 자동차 소유욕을 억제할 것인가를 물어본다면 이는 다른 관점에서 해석될 수 있다. 존 짐머는 공유 기업 창업자여서 이동수단을 이용할 때 비용과 편익을 고려했지만, 자동차 자체를 소유하는 것은 전혀 다른 문제여서다. 같은 자율주행이라도 롤스로이스와 모닝을 각각 소유하는 것은 인간의 소유욕이라는 본능적 측면에서 바라봐야 한다는 얘기다.

이와 관련해 최근 미국 자동차딜러협회(NADA)가 지난달 끝난 뉴욕모터쇼를 통해 진행한 설문 결과는 자동차 소유와 이용을 구분 짓는 소비자가 적지 않음을 보여 준 사례로 꼽힌다. 결론부터 언급하면 독점적 공유와 개인 소유 가운데 어떤 것을 더 선호하냐는 질문에 응답자의 89%가 '소유'를 원했기 때문이다. 특히 조사에 참여한 대상이 이미 공유 서비스를 많이 이용 중인 20~30대 밀레니얼 세대라는 점을 감안하면 주목할 만한 결과라는 게 협회 측의 설명이다. 그러면서 시간에 구애받지 않고 즉시 이동이 가능한 자유는 결코 포기할 수 없는 가치라는 점도 강조했다. 이용 시간과 장소가 제한되는 모빌리티 서비스가 발전해도 개인의 소유욕을 완전히 대체하지는 못할 것이란 시각이다.

공유 경제가 자동차 소유욕을 억제하지 못할 것이란 분석의 배경에는 자동차가 이동수단이자 또 하나의 공간이라는 점 때문이다. 문화심리학자 김정운 교수는 〈남자의 물건〉이라는 책에서 남성에게 있어 공간은 정복의 대상이며, 공간이 확보되면 성(城)을 쌓는다고 설명한다. 이것은 자동차라는 공간을 지배하면서 외형적으로 힘을 과시하기 위해 대형 고급 차를 사는 경향을 의미한다. 또한 미국의 심리학자 윌리엄 제임스는 〈심리학의 원리〉에서 사람은 자신이 소유한 모든 것을 통해 '내가 이런 사람이야.'라는 메시지를 드러내려는 욕망이 있다고 말한다. 결국 소유한 물건 자체가 곧 자아를 표현하는 수단이라는 의미다.

이런 점에서 자동차 공유가 활성화돼도 구매력이 떨어질 가능성은 별로 높지 않다. 다만 이용의 편리함이 발전하면 소유한 자동차를 운행하는 시간이 줄어 보유 기간이 늘어나고, 이로 인해 기존 차를 새 차로 바꾸는 시간이 연장될 수 있다. 공유 경제가 자동차 구매력을 떨어뜨리는 게 아니라 운행 거리 축소가 소유 기간을 늘린다는 뜻이다.

그래서 최근 미국 내 자동차 업계가 주목하는 것은 일정 기간 돈을 내고 여러 차종을 경험할 수 있는 서브스크립션 서비스다. 서브스크립션(Subscription) 서비스는 이용 요금에 초점을 맞춘 것으로, 대부분의 자동차 회사가 연간 이용 금액을 내면 여러 차종을 일정 기간 이용할 수 있도록 서비스를 제공한다. 미국 소비자 만족도 조사 회사인 JD파워와 액시엄(Acxiom) 설문에 따르면 글로벌 소비자 가운데 59%가 이른바 약정 서비스에 대해 긍정적인 반응을 나타냈고, 이 가운데 78%가 1995년 이후 태어난 'Z' 세대였다. 다시 말해 젊은 층일수록 이용과 소유를 동시에 누리려는 욕망이 강하다는 뜻이다.

그런데 서브스크립션 서비스의 궁극적 목표도 결국은 소유욕의 자극이다. 소비자에게는 이용 가치에 초점을 둔 유사 구매 행위지만 자동차 회사는 제품 경험을 제공한 뒤 실제 구매로 연결되기를 바라고 있어서다. 결국 어떤 용도로든 자동차를 체험시키는 모든 행위가 결국은 판매 행위의 연장선이라는 뜻이다.

물론 미래에는 자율주행과 일반 운전이 섞이며 구분이 될 수도 있다. 여기서 '일반주행'은 '자율주행'과 반대되는 용어로 운전면허증을 보유한 운전자가 직접 자동차를 운전하는 경우를 의미한다. 즉, 미래에는 자율주행이 아닐 때 정해진 허가 구역 내에서만 사람 운전이 허용된다는 뜻이다. 미국 라스베이거스에서 열린 2018 CES에서도 운전을 좋아하는 사람을 일컫는 미래 용어로 '클래식 드라이빙 러버(Classic Driving Lover)'라는 단어가 등장했다. 그 이유는 최근 몇 년간 첨단 운전자 보조 시스템을 비롯한 자율주행 관련 기술의 발전 속도 때문이다.

국토부는 2020년 레벨 3 자율주행, 현대기아차는 2021년 이후 레벨 4 자율주행을 상용화할 계획이다. 이를 위해 다양한 주체와 상황을 분석 및 해석하고 이를 끊임없이 반복하는 과정의 통합 시스템을 구축하고 있다. 예를 들어 날씨에 따른 노면 차이는 자동으로 타이어 공기압 설정은 물론 주행 방식을 바꾼다. 또한 경계 조건과 변수들이 사람, 사물, 스마트시티 등과 연결돼 다분야 통합 연결 시스템이 구축된다.

자율주행의 궁극적인 목적은 교통사고 및 사망자 제로(0)를 실현하는 데 있다. 인간이 운전대를 잡는 것보다 자율주행이란 기술을 통해 운전자의 실수를 원천적으로 차단, 운전자와 보행자 모두에게 더욱 안전한 삶을 제공하는 것이다. 따라서 수년 내 구축될 자율주행 시대에서 인간은 의지와 무관하게 운전에서 벗어날 수밖에 없다.

그 때문에 미래 스마트시티의 경우 특수한 상황을 제외하면 자율주행 기능의 비활성화 금지가 이뤄질 전망이다. 스마트시티는 사람과 사물, 건물, 도로 기반 시설 등이 모두 연결(Connectivity)돼 있는 만큼 사람 운전이 오히려 사고 확률을 높일 수 있어서다. 이때 '클래식 드라이빙 러버'들은 과연 어디서 운전할 수 있을까. 지금의 자동차 경주장처럼 특정 구역에서만 운전이 허용될지도 모를 일이다. 만약 일반 주행 중 사고가 발생한다면 모든 책임이 운전자에게 부과돼 현재와는 비교할 수 없을 정도로 높은 보험료 혹은 벌금이 발생할 수 있으니 말이다.

물론 수십 년 후 일어날 일이지만 드라이빙을 좋아하는 운전 마니아들에게 자율주행 세상은 그리 달갑지 않을 수 있다. 안전과 편리함, 환경 등을 위해 지금까지 일상의 재미로 여겼던 운전의 많은 부분을 포기해야 하기 때문이다. 따라서 미래에는 사람이 직접 운전하는 시대를 그리워할지도 모르겠다. 지금의 자동차 경주장은 고속주행의 짜릿함을 위해 찾지만, 앞으로는 운전이 무엇인지 궁금해서 경주장을 찾는 일이 벌어질지 모를 일이다.

이런 일들의 궁극은 사람의 뇌와 자동차의 연결이다. 자동차에서 인공지능은 이미 진행 중이다. 자동차 스스로 합리적인 판단을 내릴 수 있도록 센서를 통해 얻은 정보는 인공지능 알고리즘에 따라 재빨리 분석되고 활용되지만, 여전히 걸림돌은 판단의 정확성과 속도이다. 물론 속도는 하드웨어 발전으로 얼마든지 단축할 수 있다. 하지만 정확성은 조금 다르다. 연결된 정보가 확실하지 않으면 오판의 가능성이 커지기 마련이다. 특히 자동차처럼 움직이는 사물은 잘못된 판단이 가져올 위험성이 커서 더더욱 신중할 수밖에 없다.

그래서 최근 실험적으로 진행된 프로젝트가 인간 운전자의 뇌파를 읽어 자동차 스스로 한발 먼저 움직이는 기능을 구현한 것이다. 닛산이 2018년 CES에 선보인 'B2V(Brain to Vehicle)'가 대표적이다. 이것은 운전자의 뇌에서 발생하는 뇌파를 자동차가 해석한 후 반응 시간을 줄이는 게 핵심이다. 운전자가 스티어링 휠을 왼쪽으로 돌리겠다고 생각하면 뇌파가 자동차로 전달돼 0.2~0.5초 정도 앞서 스티어링 휠이 왼쪽으로 회전하는 기능이다. 물론 운전자가 속도를 줄이겠다고 생각하면 그보다 빨리 브레이크를 작동시키고, 정지 상태에서 출발 의지를 가지면 가속 페달을 밟기 직전에 차가 먼저 움직이는 식이다.

 닛산이 인간의 뇌파를 자동차와 연결하려는 이유는 바로 '인간' 때문이다. 사람의 생각이 자동차에 투영될 수 있다면 자율주행의 치명적인 오류가 가져올 위험을 줄일 수 있다는 설명이다. 예를 들어 자율주행으로 움직이다 장애물이 나타났을 때는 당연히 멈춰야 하지만 오류가 발생하여 인식을 못 한다면 인간 운전자가 수동으로 개입해야 한다. 하지만 미처 반응할 시간이 없을 때 운전자가 멈춰야 한다는 생각만 해도 차가 멈추도록 하면 위험을 방지할 수 있다. 결과적으로 멈춰야 한다는 판단을 인간이 한 것이고, 뇌파를 통해 자동차에 지시한 것도 인간인 만큼 자율주행의 통제권이 사람에게 있다는 의미다. 다시 말해 자율주행에 대한 사람들의 믿음을 높이자는 차원이다.

 물론 긴급한 뇌파 명령이 내려지지 않도록 기본적으로 자율주행의 오류를 줄이려는 노력은 현재도 계속 진행형이다. 이를 위해 닛산은 'C-V2X(Cellular-Vehicle to Everything)'도 공개했다. 말 그대로 스마트폰과 자동차를 연결, 외부 정보의 연결성을 높이겠다는 의도다. 여기에는 자동차 제조사인 닛산을 비롯해 전장 부품 분야의 콘티넨털(Continental)과 통신 솔루션 제공 기업 에릭슨(Ericsson), 그리고 통신 기업인 NTT 도코모(NTT DOCOMO, Inc.) 및 퀄컴(Qualcomm) 등이 참여했다. 스마트폰이 자동차를 외부로 연결하는 톨게이트라면 이곳을 통과하는 정보가 곧 자동차에 비유될 수 있고, '5G'는 정보라는 자동차가 빠르게 오가는 고속도로인 셈이다.

 앞선 사례처럼 자동차와 통신, IT 기업이 손잡은 배경은 미래 모빌리티 시장에서 결국 만날 수밖에 없는 업종 간의 융합을 한발 앞서 진행, 표준화를 하자는 차원이다. 실제 이번 협업의 목적도 참여 가능한 다양한 기업이 뭉쳐 미래 자율주행의 기술을 미리 확보하고, 이를 기반으로 규격화된 플랫폼을 구축하는 것이다. 내용은 복잡하지만 한 마디로 휴대폰을 자동차에 연결해 외부 정보를 가져오고 이때 자동차로 들어온 정보를 인공지능이 정확히 판단하는 과정을 구현하겠다는 뜻이다. 이 경우 시범 사업의 결과가 곧 미래형 커넥티드 카 시대를 준비하는 여러 산업계와 ITS 기구, 정부 부처에 영향을 미칠 수밖에 없다. 이를 통해 향후 글로벌 커넥티드 카 생태계를 주도할 수 있다는 논리다.

    C-V2X 기술은 현재 상용화를 위한 검증 단계에 있다. 이를 위해 자동차와 자동차(Vehicle-to-Vehicle, V2V), 자동차와 인프라(Vehicle-to-Infrastructure, V2I) 그리고 자동차와 보행자(Vehicle-to-Pedestrian, V2P), 자동차와 네트워크(Vehicle-to-Network, V2N) 구축이 한창이다. 지난달 막을 내린 2018 CES의 화두 또한 연결이었다는 점은 그만큼 많은 기업이 연결에 미래의 존폐가 걸렸음을 인지한다는 뜻이다.

    따라서 앞으로 자동차는 모든 사물과 연결되지만 움직일 때 최종 판단은 인간이 하자는 방향성이 힘을 얻고 있다. 기술로 모든 것을 해결할 수 있지만 궁극은 사람이 중요하고, 사람을 보호하고, 사람의 판단으로 움직임을 책임지는 모빌리티 사회를 구현하자는 흐름 말이다. 그러므로 생각만으로도 움직이는 자동차를 현실 세계에서 볼 날도 멀지 않은 것 같다. 뇌파와 연결이 되면 이후 과정은 얼마든지 빠르게 전개될 수 있어서다. 생각으로 움직이는 자동차가 어떤 세상을 만들지 알 수 없지만 상상만 해도 기대된다.

# 자동차의 미래권력

| 발 행 일 | 2019년 1월  5일 개정판 1쇄 인쇄 |
|---|---|
|  | 2019년 1월 10일 개정판 1쇄 발행 |

저　　자　권용주

발 행 처　　
　　　　　http://www.crownbook.com

발 행 인　이상원
신고번호　제 300-2007-143호
주　　소　서울시 종로구 율곡로13길 21
대표전화　02) 745-0311~3
팩　　스　02) 766-3000
홈페이지　www.crownbook.com
ＩＳＢＮ　978-89-406-3597-1 / 13350

**특별판매정가　20,000원**

이 도서의 판권은 크라운출판사에 있으며, 수록된 내용은
무단으로 복제, 변형하여 사용할 수 없습니다.
　　　　　Copyright CROWN, ⓒ 2019 Printed in Korea

이 도서의 문의를 편집부(02-6430-7012)로 연락주시면
친절하게 응답해 드립니다.